国家自然科学基金（61202365）
虚拟现实技术与系统国家重点实验室开放基金（BUAA-VR-17KF-14）
山西省留学基金（2009-28）
社科联重点课题（SSKLZDKT2014047）

基于虚拟可信平台的软件可信性研究

郝瑞 著

RESEARCH ON SOFTWARE TRUSTWORTHINESS BASED ON VIRTUALIZED TRUSTED PLATFORM

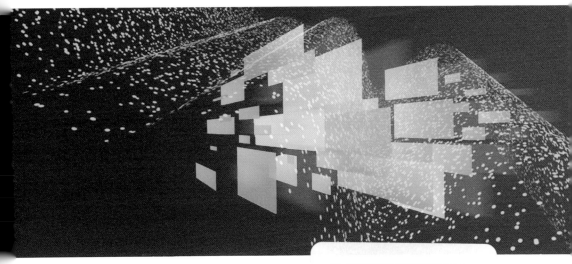

U0250092

WUHAN UNIVERSITY PRESS
武汉大学出版社

图书在版编目(CIP)数据

基于虚拟可信平台的软件可信性研究/郝瑞著. —武汉：武汉大学
出版社,2017.5
　ISBN 978-7-307-19320-8

Ⅰ.基… Ⅱ.郝… Ⅲ.软件开发—研究 Ⅳ.TP311.52

中国版本图书馆 CIP 数据核字(2017)第 108681 号

责任编辑:唐　伟　　　责任校对:李孟潇　　　版式设计:马　佳

出版发行:**武汉大学出版社**　(430072　武昌　珞珈山)
　　　　(电子邮件：cbs22@whu.edu.cn　网址：www.wdp.com.cn)
印刷:虎彩印艺股份有限公司
开本:720×1000　1/16　印张:9　字数:125 千字　插页:1
版次:2017 年 5 月第 1 版　　2017 年 5 月第 1 次印刷
ISBN 978-7-307-19320-8　　定价:30.00 元

序

　　21 世纪是信息化时代，信息成为一种重要的战略资源，信息技术改变着人们的生活和工作方式，社会的信息化程度大大提高，信息产业已经成为世界第一大产业。信息的获取、处理和安全保障能力成为一个国家综合国力的重要体现。当前，信息技术与产业欣欣向荣，处于空前繁荣的阶段。但是，危害信息安全的事件不断发生，信息安全的形势非常严峻。近年来，可信计算技术正在以不同方式应用于构造信息安全解决方案，能够行之有效地提高计算平台的安全性。本书旨在开展虚拟可信平台的软件动态可信理论模型的研究，可以促进可信计算技术，尤其是动态可信评测技术的健康发展，所研究的成果不仅具有重要的理论价值，更对技术实践有很好的指导意义。我相信这本书会使许多人受益，也祝愿我们的作者能在虚拟化和可信计算技术的发展中不断有新的进步和贡献。

李学龙　博士

中国科学院博士生导师

国家"千人计划"专家

国家杰出青年科学基金获得者

摘　　要

可信计算技术从硬件结构层有效提高计算机平台的安全性，目前已成为信息安全领域新的研究热点。随着虚拟化技术的快速发展和广泛应用，将虚拟化技术与可信计算技术结合构建虚拟可信平台是业界实现可信计算最为有效的一种解决方案。但是目前虚拟可信平台的发展还存在一些问题：一是物理平台至虚拟平台的信任链扩展不足，无法保障虚拟客户系统的可信性；二是理论研究滞后于技术实现，至今尚未建立公认的基于虚拟可信平台的软件可信性度量模型。

针对上述问题，本书对基于虚拟可信平台的软件可信性度量模型进行了研究，并提出两阶段层次化虚拟可信系统度量模型——TSVTMM，基于该模型提出了基于软件可信属性完整性度量方法，并对 TCG 标准数据封装进行改进，提出了针对可信软件完整性度量列表(TSIML)的数据封装存储方案。根据 TCG 动态度量的实际需求提出了软件行为动态可信评测方法以及利用模糊理论和模糊支持向机(FSVM)的特点，提出一种新的隶属函数构造方法 KDFSVM，从而提高了软件行为的预测精度和识别率。本书主要研究成果及创新点如下。

(1)针对 TCG 信任链扩展无法保障虚拟客户系统的可信性，笔者提出了两阶段层次化虚拟可信系统度量模型 TSVTMM。TSVTMM 根据应用软件的两个执行状态——装载和运行，整体上分为完整性度量和动态可信性评测两个阶段，并采用不同的方式和策略对软件的装载及运行加以控制。完整性度量阶段是对将要装载的应用软件可信属性信息进行完整性验证。动态可信评测阶段是在软件运行期间通过对其实际行为的监控、动态分析、态势预测，实现软件行为动态可信性评测。并将 TCG 信任链扩展至 TSVTMM，从而保证了 TSVTMM 自身的安全。该模型容易实现，具有良好的可扩展性。

（2）针对 TCG 标准数据封装在平台配置更新失效的问题，笔者提出基于 TSIML 新的数据封装存储方案。采用相对固定的虚拟底层环境状态执行标准封装，结合易变的客户虚拟机状态进行属性封装，从而解决了客户虚拟机状态因频繁变化所引起的多次封装问题。

（3）从软件行为的可信性入手，根据 TCG 动态度量的实际需求，笔者提出了软件行为动态可信评测方法。通过软件在运行时对其行为轨迹进行度量，根据软件实际行为是否符合预期的可信策略进行动态分析评测，将可信度量机制的粒度细化到软件行为的层面。实验结果表明该方法在有限的样本条件下，在软件行为模式学习、识别和预测方面具有良好的性能。

（4）为了提高模糊支持向量机 FSVM 对软件行为识别的精度，笔者提出一种基于模糊理论新的模糊隶属函数的构造方法 KDFSVM。该方法对传统的距离模糊隶属度 DFSVM 进行了改进，引入各样本点紧密程度 ρ 和 k 最近邻点中属于同类的比率 p 来构造隶属度。实验结果表明采用 KDFSVM 算法对软件行为预测分类的准确率明显提高。

综上所述，通过开展基于虚拟可信平台软件可信性度量模型的研究，从而构建虚拟可信执行环境，可以促进虚拟化技术和可信计算技术更好的结合。

ABSTRACT

Trusted computing technology from the hardware structure layer effectively improves the security of the computer which has become one of the new hot spots in new hotspot in the field of information security. With rapid development and wide application of virtualization technology, it is the most effective solution of trusted computing to combine virtualization technology and trusted computing technology in industry. But, there are still some problems in the development of virtualized trusted platform. Firstly, the lack of trust chain extension of the physical platform to a virtual platform can not ensure the trustworthiness of the virtual client systems. Secondly, theoretical researches are behind technical practice. There are not yet generally accepted software measurement models founded based on virtual trusted platform.

In order to solve above problems, a two-stage strategy virtualized trusted system measurement model-TSVTMM is proposed. Based on the model, the integrity measurement method for the software trustworthiness properties is proposed; TCG standard data sealing is improved and the solution of data sealing for the trust software integrity measurement list(TSIML) is proposed; The dynamical trusted evaluation of the software behavior is proposed based on the actual demand of TCG dynamic measurement; The new construction method of the membership function KDFSVM based on fuzzy theory and fuzzy support vector machine FSVM is proposed in order to improve prediction accuracy and recognition rate of the software behavior. The followings are main research results and innovations:

(1) In order to solve TCG trust chain extension can not ensure the trustworthiness of the virtual client system, the two-stage strategy virtualized trusted system measurement model-TSVTMM is proposed. There are two phases of integrity measurement and dynamic trusted evaluation based on loading and running of the software, and loading and running of the software is controlled in different ways and strategies. In integrity measurement phase, the integrity of the trusted attribute information of the software is verified. In dynamic trusted evaluation stage, the software behavior is evaluated by monitoring the actual behavior, dynamic analysis and trend forecasting. TCG trust chain extends to TSVTMM to ensure own security of TSVTMM. This model is easy to implement, and it has good scalability.

(2) In order to solve the problem of the platform configuration update, the new solution of data sealing is proposed. Standard sealing relatively invariable virtualized underlying states combines with property sealing variable guest virtual machine states. This method solves the problem of the repeated sealing because of frequent changes of the guest virtual machine.

(3) Starting from trustworthiness of the software behavior, according to actual demands of dynamic measurement, the method of dynamic trusted evaluation of the software behavior is proposed. The behavior traces are measured during the software running, and it is judged wether the actual behavior is as expected according to the trusted strategy. The granularity of the mechanism of trustworthiness is refined to the level of software behavior. Experimental results show that the method has a good performance on pattern learning, recognition, and projection of the software behavior under conditions of limited samples.

(4) In order to improve the accuracy of recognition of fuzzy support vec-

tor machine (FSVM) to the software behavior, the new construction method of fuzzy membership function KDFSVM is proposed based on fuzzy theory. The method improve the traditional distance fuzzy membership DFSVM by introducing the tightness of each sample point ρ and p , which is the proportion of k nearest neighbor belonging to the same class, to construct the membership function. Experimental results show that the KDFSVM improves the classification accuracy rate of the Software behavior significantly.

In short, theresearch on software trustworthiness based on virtualized trusted platform can promote a healthy development of virtualization technology and trusted computing technology.

目　　录

图 目 录

表 目 录

第1章 绪 论

1.1 研究背景和意义

随着计算机技术的发展、网络的广泛普及，当今社会已进入信息化社会，信息化已经渗透到社会的政治、经济、教育、军事、社会生活以及意识形态等各个方面。在信息社会，一方面，信息技术与信息产业的高速发展已成为社会新的经济增长点和重要的战略资源；而另一方面则是破坏信息安全的事件层出不穷，呈现日益复杂的局面，信息安全问题已经变得日益突出。信息的安全保障能力已成为一个国家的综合国力的重要组成部分。信息安全事关国家安全、事关社会的稳定，因此，必须采取有效措施保障我国的信息安全。

纵观信息安全的发展历程，人们最早关注的是信息在通信过程中的安全问题。随着多用户操作系统的出现，人们对信息安全的关注扩大为"机密性、访问控制与认证"。到了20世纪中后期，学术界与军事部门对"信息安全"与"信息系统安全"越来越重视，信息安全逐步发展成为一门独立的学科，许多信息安全标准规范在这一时期大规模有组织地制定，信息安全的研究越来越多地受到信息技术的驱动，新型网络和计算机应用环境下的协议设计和算法逐渐成为热点问题。当今是可信计算时代，当前信息安全的研究已经逐步发展成为可信计算研究时期，可信计算将人类社会的人与人之间的信任理论引入信息安全研究，它强调对信息及信息系统动态行为的分析及决策，信息安全已经不再是一个静态的概念，信息安全的研究在可信计算思想的引领下已经全面发展为可信网络、可信计算平台、可信操作系统、可信软件、可信数据库等诸多信息安全领域，尤其是近年来随着高效合理地利用计算资源的虚拟化技术日益受到人们关注，将可信计算技术与虚拟化技术相结合是当前信息安全研究领域中的一个新的热点。

1.2 研究现状

1.2.1 可信计算

1.2.1.1 可信计算的研究与发展

（1）可信计算的出现。

美国国防部于1983年，制定了世界上首个"可信计算机系统评测准则"（Trusted Computer System Evaluation Criteria，TCSEC）。TCSEC中首次提出了可信计算机（Trusted Computer）和可信计算基（Trusted Computing Base，TCB）的概念，并提出将TCB作为整个系统安全的基础。

作为对TCSEC的补充，在推出TCSEC之后，美国国防部又相继推出了一系列的信息系统安全指导文件，被称为"彩虹系列"。"彩虹系列"以TCSEC为核心，推出的可信网络解释（Trusted Network Interpretation，TNI）和可信数据库解释（Trusted Database Interpretation，TDI）分别将可信评价扩展到了计算机网络和数据库系统中。

"彩虹系列"开创了信息安全领域的先河，对信息安全理论和技术的发展有着重要的指导意义。它为计算机系统安全建立了一套标准，多年来"彩虹系列"一直是评价计算机系统安全的重要准则。

然而，随着信息科学技术的日新月异，"彩虹系列"也呈现出了一定的局限性。一是强调了信息的机密性，而较少考虑信息的完整性和真实性；二是强调了对系统安全性的评价，并没有给出达到这种安全性的系统体系结构和技术路线。

1999年，由著名IT企业惠普、英特尔、IBM以及微软等共同发起成立了可信计算平台联盟(Trusted Computing Platform Alliance，TCPA)，标志着可信计算进入了发展的高潮阶段。2003年，TCPA正式改组为可信计算组织(Trusted Computing Group，TCG)，旨在研究制定可信计算的工业标准，标志着可信计算的技术和应用进入了新的领域，目前TCG已经制定了一系列有关可信计算技术规范，包括可信PC规范、可信平台模块规范、可信软件栈规范、可信服务器规范、可信网络连接规范、可信手机模块规范等。TCG对可信计算的意义重大，它第一次提出可信计算平台的概念，并把它具体化到一系列计算产品，许多芯片厂家按照TCG制定的规范推出了自己的可信平台模块芯片，大部分的台式PC和笔记本电脑都配备了TPM芯片，微软也推出支持可信计算的操作系统，可信计算已经走向了实际的应用。TCG不仅强调信息的机密性，更强调信息的完整性、真实性，而且也给出了具体的可信计算体系结构和技术路线。

(2)国际上可信计算的发展。

1995年，法国Jean-Claude Laprie和美国Algirdas Avizienis从容错的角度提出可信计算(dependable computing)的概念。容错计算是计算机领域中的一个重要分支，其思路是在计算机硬件平台上引入安全芯片硬件体系结构，通过提供的安全特性来提高终端系统的安全性。容错思想的可信计算更强调计算系统的可靠性、可用性、可维护性以及可论证性。简单地说，可信就是可靠加安全。

2002年，作为TCG的一个发起成员，微软独立推出了代号为"智慧女神"（palladium）的可信赖计算计划，该计划基于可信平台模块，在Windows 操作系统中增加的安全模块，为终端主机上的关键数据提供更加安全的保护。后来，该项计划改名为"下一代安全计算基"（Next-Generation Secure Computing Base，NGSCB）。目前微软在部分版本的Vista 操作系统中已经实现了对可信平台模块的支持。

2003 年 9 月，Intel 宣布了支持 NGSCB 的代号为 LaGrande 可信执行技术（Trusted eXecution Technology，TXT），通过扩展处理器和芯片组等硬件结构，在个人计算机平台上构建 TPM 硬件安全系统，保护计算机数据的机密性和完整性，防范恶意软件对终端主机的攻击。

2006 年 1 月，欧洲展开了名为"开放式可信计算（open trusted computing）"的研究计划，旨在研究开放式的可信计算框架，设计和研发可信基础设施，以 Open TC 为基础，建立欧洲式的开放式可信计算标准体系。

（3）国内可信计算的发展。

我国在可信计算领域起步不晚，水平不低，成果可喜。

2000 年 6 月，武汉大学与武汉瑞达信息安全产业股份有限公司合作进行安全计算机的研制，2003 年研制出我国首款可信计算平台模块J2810 芯片以及可信计算平台 SQY-14 嵌入式密码型计算机，并于 2004年 10 月通过了由我国密码管理局主持的技术鉴定，这是我国国内首款自主研发的可信计算平台，并且目前已经实际应用到了我国的企业、政府、公安、银行等相关部门。2004 年，天融信公司推出了致力于可信网络平台的可信安全系统平台与可信安全管理平台。联想方面也宣称已经取得了可信主机、可信网络和可信管理系统三个方面关键性的突破。

2005 年，联想公司的恒智芯片与可信计算机也相继研发成功，同年兆日公司也研发出了自己的 TPM 芯片。这些 PC 产品纷纷通过了国家密码管理局的安全鉴定与认证。

2005 年 1 月，全国信息安全标准化技术委员会召开了 TC260 可信计算小组（WG1）成立大会。有关专家院士，国信办网络与信息安全组领导，以及联想、瑞达、兆日、天融信、启明星辰、浪潮等各大公司主管在会上都作了报告，对可信计算面临的发展机遇和前景进行了热烈讨论。

2006 年，在国家密码管理局的领导下推出了《可信计算密码支撑平台功能与接口规范》和《可信计算平台密码技术方案》两个可信计算方面的规范，标志着我国已经进入制定可信计算规范和标准的阶段。2007年在国家信息安全标准委员会的领导下，我国开始自主制定包括芯片、软件、微机、服务器、可信网络连接等有关可信计算关键技术的一系列标准。

2006 年，可信计算密码专项工作组成立，冯登国担任该专项工作组的组长。2008 年 12 月，该专项工作组改名为中国可信计算工作组（China TCM Union，TCMU），TCMU 的宗旨是研制可信计算密码应用技术体系以及相关密码技术标准规范，促进可信计算技术与产品的产业化、标准化和工程化，引导我国的可信计算应用示范工程建设。TCMU最主要的贡献是研究制定了我国自主创新的可信密码模块（trusted cryptography module，TCM）的国家标准。

2007 年 12 月，联想、中兴、方正、清华同方等 12 家企业联合举办了"打造中国信息安全 DNA-中国自主可信计算产品联合发布会"。我国首款 TCM 芯片诞生，这标志着我国已初步形成了覆盖安全芯片、可信操作系统、安全软件、可信计算机的产业链，可信计算应用范围正在不断扩大。

2008 年，中国可信计算联盟（CTCU）成立。国民科技公司推出的"可信计算密码支撑平台"以及兆日公司推出的"可信计算密码支撑平台"与"可信计算机密码模块安全芯片"通过了国家密码管理局的鉴定和认证。同年，武汉大学推出了国内首款"可信 PDA"和首个"可信计算平台测评系统"。

2009 年，瑞达公司推出的"可信计算机密码模块安全芯片"也通过国家密码管理局的鉴定和认可，并且基于该安全芯片的产品也推向了市场。

我国很多的科研院所和高校加入可信计算的研究工作中。武汉大学最早对可信计算进行研究，并与瑞达公司合作开发可信计算相关产品。此外，中国科学院软件研究所、清华大学、华中科技大学、北京大学、复旦大学、上海交通大学、国防科技大学、北京工业大学、河北大学、解放军信息工程大学等机构也在可信计算研究方面取得了一定的成果，有些研究成果得到了国际同行的高度认可。

对可信计算相关技术的研究、应用、开发也得到我国政府和部门的大力支持和鼓励，并予以重点资助。

从以上国内的可信计算发展来看，我国的可信计算事业正在逐步进入一个蓬勃发展的阶段，国内的可信计算技术及其相关产品得到了国际同行的高度评价，并且处于国际可信计算领域的领先水平。

1.2.1.2　可信度量研究

度量是可信计算中的关键技术，一直以来都是可信计算领域中的研究热点，不少学者对此进行了坚持不懈的研究，并取得了很多的研究成果。可信计算中的度量是指对整个计算机系统的运行环境的一种完整性度量，以此来评价其是否与已知正常的运行环境相一致。

1997 年，AEGIS 安全引导体系结构被宾夕法尼亚大学的 Arbaugh 等提出，该体系结构通过修改主机系统的 BIOS，增加一个 AEIGS ROM 来完成对可执行代码的完整性检测。

2004 年，IBM 的研发人员设计并实现了 TPod 体系结构。TPod 体系结构实现了将基础 BIOS 作为信任根首先执行并且度量其余 BIOS 的完整性，被度量那部分再度量 GRUB，最后 GRUB 度量操作系统的完整性的可信引导过程。同年，GNU 也实现了类似的可信启动补丁。随后，作为可信启动研究的新的思想，有人提出通过 USB-Key 也可以保证计算机的可信启动。IBM Waston 研究人员 Sailer 等提出基于 TCG 完整性度量架构(integrity measurement architecture，IMA)。IMA 基于 Linux 平台，对动态链接库、脚本、可执行代码以及 Linux 内核模块进行完整性度量。IMA 是世界上首个实际按照可信计算标准实现的完整性度量系统。

2005 年，卡内基梅隆大学的 Shi 和 IBM 的 Doom 等提出基于分布式系统的 BIND 框架。BIND 把对代码中的关键代码段进行完整性证明，并为每一组关键代码段所产生的数据生成认证器，从而完成系统关键代码段的完整性证明。

2006 年，宾夕法尼亚大学的 Jaeger、加州大学的 Shankar 和 IBM 的 Sailer 等提出基于信息流的 PRIMA 体系结构。在 IMA 的基础上，PRIMA 引入 CW-Lite 信息流模型来解决组间的依赖关系，把信息流的研究方法引入系统完整性动态度量方面。

目前，信任的度量理论与模型主要有基于主观逻辑的信任度量模型、基于模糊数学的信任度量模型、基于证据理论的信任度量模型以及基于软件行为学的信任度量模型等。然而这些信任度量模型仍有不足之处，可信计算中信任度量模型的研究发展方向应该既能准确刻画客观事实，又简单易行。目前迫切需要对软件可信的度量模型进行相关理论技术研究。

可信计算技术是信息安全领域中行之有效的一种技术。但是，可信计算的发展还存在以下问题。

（1）可信计算领域里理论研究相对滞后于产品的开发，到目前为止，尚没有被大家所普遍认可的信任度量模型，也没有完善的信任链理论。

（2）目前，可信计算度量是基于数据完整性的静态度量，只能实现系统开机启动时的静态完整性，并不能保证系统运行后的动态可信性。

TCG 规范所描述的信任度量方法是以硬件安全模块 TPM 作为信任的根源，采用基于数据完整性检测机制建立起一条信任链，通过把这种信任关系扩展到整个计算机系统，确保整个计算机系统的可信性。但是，这一过程是基于数据完整性的一次验证，只能确保开机启动初始阶段系统软硬件资源的静态完整性，当系统开始运行后，计算机的可信主要取决于在其上运行的软件行为是否能按照预期的方式，向着预期的目标运行，即软件行为可信性。因此，软件动态可信性成为保证计算机系统可信性的关键问题。

可信计算采用完整性作为信任度量的基本属性，尽管不完全等同于可信，但是它比较容易实现对实体进行度量和验证。在可信计算平台中，完整性度量是通过前一个执行部件使用特定的哈希函数对将要执行的下一个部件的某些关键信息进行哈希运算来实现的。这样一种由递归方式传递的度量路径被称作信任链。

1.2.1.3　数据封装存储的研究

数据封装存储是可信计算所要实现的重要功能之一，它主要应用于数字版权保护(digital rights management, DRM)与数据安全等领域，并且其应用前景非常广泛。按照 TCG 规范所描述，数据封装存储技术就是把要存储的敏感数据与所在平台当前使用的软硬件环境的配置信息存储在一起，该敏感数据只有在系统拥有同样的软硬件组合配置时才能够进行读取。

目前，国内外已有许多学者针对数据封装存储进行研究。Ulrich Kuhn 等提出了基于属性的封装绑定方法以此来替代对平台配置封装，并且提出了几种支持平台更新的改进方式，但是并没有给出具体的实现方案。Bryan Parno 在应用中说明如何进行封装存储。XU Mingdi 等提出一种基于 TPM 的数据保护模型，该模型使用非对称密码算法将受保护数据与特定的可信计算环境相绑定。陆建新等提出一种基于属性的封装方案，该方案将敏感数据与平台属性相绑定，优点是计算机系统中的软硬件更新后封装存储不会失效，该方法也采用非对称密码算法对数据封装。Paul England 等提出将敏感数据绑定于应用软件，只有特定的应用软件才能打开封装数据，但是该方案给数据造成新的安全隐患。汪丹等提出基于可信虚拟平台的数据封装方案，这个方案引入安全属性和虚拟

PCR 的概念，在虚拟可信平台上，将敏感数据与系统安全属性封装在一起，该方案的优点是封装数据与平台配置无关，并且能够实现多个虚拟机系统中数据的安全存储，但是该方案对存储的数据在平台间迁移安全性较差。刘昌平等提出可信计算环境数据封装方法，将数据与可信密码模块和特定平台状态绑定在一起，优点是封装数据只能由特定用户在特定平台下打开，但是该方法不利于数据在平台间迁移。闫建红等提出基于混合加密数据封装的方案，使用所要封装的数据为加密数据的对称密钥来实现数据封装，该方案适用于对大容量的数据封装，但是由于使用了对称密钥其安全性降低。

我国的安全芯片 TCM，也有数据封装的功能，与 TPM 最大的不同在于 TCM 采用的密码算法不同。按照 TCG 规定，TPM 采用 SHA-1 作为哈希算法，采用 RSA 作为数字签名算法。TCM 规范中采用 SMS4 对称密码算法、SM3 密码哈希算法、SM2 椭圆曲线密码算法以及 HMAC 消息认证码算法，其中 SM2 与 SMS4 应用于数据安全保护。

1.2.2 虚拟化技术

近年来虚拟化技术的研究与使用得到了快速发展。虚拟化技术主要是通过在计算机系统中增加一个虚拟化层，并将底层的系统资源进行抽象供上层使用。从系统体系架构上看，虚拟计算机系统包括一个虚拟机监视器(virtual machine monitor，VMM)以及支持其上运行的多个虚拟机(virtual machine，VM)。

1959 年，克里斯托弗在国际信息处理大会上提出计算机分时应用，被认为是虚拟化技术的萌芽。20 世纪六七十年代，IBM 公司最早提出虚拟计算机的概念，并且在 VM/370 系统中得到应用。20 世纪 60 年代末期，出现了虚拟监视器技术，它能将一个硬件平台分成一个或多个虚拟机的软件抽象层。目前虚拟化技术广泛应用于处理器设计、服务器设计、网络设计、软件设计等众多领域，当前主流的反病毒软件也将虚拟化技术应用于自身的检测软件中。

虚拟化技术有多种分类方式，根据虚拟化实现方式不同以及是否需要修改 Guest OS 内核，可将其分为完全虚拟化技术、半虚拟化技术，以及硬件虚拟化技术，其中完全虚拟化是采用二进制翻译技术来对敏感指令虚拟化，根据 VMM 状态实施指令转换，将敏感指令跳转至等价模拟代码段执行，目前实现完全虚拟化技术的实例包括 **VMWare** 和 **Virtual PC** 等。半虚拟化需要修改 Guest OS 内核代码，通过对操作系统代码进行修改使敏感指令产生自陷来实现的，它具有比完全虚拟化更好的性能，半虚拟化技术的实例包括 Denali、**XEN** 等。硬件虚拟化始于 **CPU** 两大生产厂商 **Intel** 和 **AMD** 分别推出的 **Intel-VT** 和 **AMD-V** 技术，通过采用新的处理器运行模式和引入新的指令，**VMM** 和 **Guest OS** 能够运行于不同的模式，当 **VMM** 进行监控和模拟时，由硬件支持模式切换，硬件虚拟化技术的实例包括 **VT-d** 等。

根据虚拟机系统为上层应用层所提供的接口差异，虚拟化技术可分为硬件抽象层虚拟化、操作系统层虚拟化、API（应用程序编程接口，Application Programming Interface）层虚拟化和编程语言层虚拟化四种类型。

根据 **VMM** 在整个计算机系统中所处的位置与实现方法的不同，Goldberg 定义了两类 **VMM** 模型，即 Type I VMM 与 Type II VMM ，如图 1-1 所示，其中 Type I VMM 直接运行于计算机硬件系统上，并负责调度和分配整个物理计算机系统的硬件资源。它必须先于操作系统安装，然后在 VMM 创建的虚拟机之上安装客户操作系统。Type II VMM 则是安装在宿主操作系统之上，以一个应用程序的形式运行，它通过宿主操作系统来调度和分配整个系统硬件资源。

2003 年，英国剑桥大学教授 Ian Pratt 等人发起的一个虚拟机开源项目中提出了 XEN 虚拟结构，作为高性能的虚拟机软件受到了业界的关注，并被广泛应用于企业计算和计算机安全等领域中。XEN 采用基于硬件的半虚拟化技术，通过修改少量的 Guest OS 内核，使大多数虚

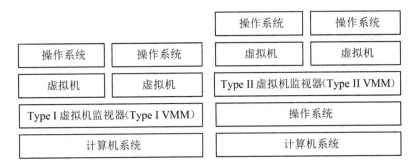

图 1-1　Type I VMM 与 Type II VMM 模型

拟指令可以直接运行在处理器上,其性能接近单机操作系统。目前英特尔和 AMD 引入 VT-x 及 SVM 硬件虚拟技术支持使 XEN 实现了全虚拟化,Guest OS 内核无需修改,使得各种非开源操作系统能够直接运行于 XEN,自 XEN3.0 以上版本支持硬件全虚拟化技术。

　　近年来,由于虚拟化技术能够更合理、更高效地使用计算机系统资源,虚拟化的应用越来越广泛,可信计算技术和虚拟化技术相结合是未来研究的发展方向,但是这方面的研究还比较少,目前虚拟平台度量技术包括 HyperSentry 度量架构,HIMA 度量架构以及 LKIM 系统等。其中 HyperSentry 利用硬件机制对 Hypervisor 进行完整性度量,HIMA 与 LKIM 则是通过虚拟平台的强隔离性实现对虚拟机内存的完整性度量。IBM 公司推出虚拟 TPM 方案,通过软件虚拟硬件 TPM 为每个虚拟机提供一个独享的虚拟 TPM,从而实现了多个虚拟机共享物理 TPM 资源。德国波鸿鲁尔大学在虚拟 TPM 方案的基础上提出基于属性的 TPM 虚拟架构,提高了虚拟 TPM 的可用性。上述方案的虚拟平台信任的基础都在于构建为多个虚拟域提供信任服务的信任根。

1.2.3　动态可信评测研究现状

　　软件行为动态可信评测是可信计算领域研究的热点之一,目前

TCG 在可信软件方面的研究较少，很多学者从入侵检测中的异常检测技术中找到了一些方法。入侵检测按照规则对计算机系统中的异常行为进行检测，异常检测主要是利用数据的统计特性来获得软件的行为特征，很多的入侵检测研究已经围绕软件行为展开。

杨晓晖等提出一个新的软件行为动态可信评测模型，利用行为迹和检查点场景对软件行为的动态轨迹刻画，但这个方法难以检测到从未出现过的异常行为；庄琭等提出了软件行为的动态可信度量模型，该模型给出了软件行为动态可信的相关概念与判别定理，但没有给出实际度量方法；随后他又提出基于交互式马尔可夫链的可信动态度量方法，该方法在功能度量的基础上引入性能特征指标度量，但没有给出具体实现方案。

在软件行为预测方面，国内外研究者已经做了许多有益的探索。主要研究通过考察软件的历史行为来预测其后续行为。Bouguila 等通过贝叶斯网络统计的方法对软件存取进行预测；Nielsen 等提出用过去的行为模式计算软件将来行为的期望；Dodonov 等提出用随机过程和人工智能的方法预测软件行为的模型；Mello 等提出利用神经网络对软件和行为进行预测。

本书将支持向量机机器学习算法引入软件动态行为可信评测中，利用其小样本学习方法和良好的泛化性能对软件行为进行度量，基于预置定的最小可信支持度、自动化地形成对软件行为预期性检测依据，根据行为的预期性进行软件可信判别，进而实现对软件行为的可信性动态评测。

1.3 本书研究内容

本书共分七章，首先从研究背景出发，指出基于虚拟可信平台保障客户虚拟机安全可信存在的问题和挑战，提出两阶段层次化虚拟可信系统度量模型，然后对客户虚拟机中软件静态属性可信度量和软件行为动态可信评测中的关键问题展开研究。

(1)TSVTMM-层次化虚拟可信系统度量模型。

为了寻找基于 XEN 虚拟可信平台软件可信性度量的理论模型，并且围绕这种模型展开相应的研究工作。首先详细分析了 XEN 的体系结构、XEN 中 vTPM 的实现方式、虚拟可信平台信任链的传递以及 vTPM 与底层 TCB 的绑定关系。并在此基础上阐述了基于虚拟可信平台的两阶段层次化可信系统度量模型 TSVTMM，并对各个模块的功能进行了介绍。该模型对信任链进行了扩充，为后续的研究工作奠定基础。实验部分按照虚拟可信环境的要求，在 Ubuntu 操作系统上编译 XEN 虚拟环境，采用 TPM_emulator 模拟器的基础上，从特权域 Domain0 构建客户虚拟机 DomainU，并启动 vTPM，实现了虚拟可信环境的基础，验证了虚拟可信的内部整体机制。

(2)基于虚拟可信平台 TSIML 封装存储。

主要研究了基于虚拟可信平台 TSIML 封装存储方法。本书首先介绍了 TPM 的核心功能数据安全保护以及 TPM 密钥的授权使用方法。其次详细说明了 TPM 标准数据封装过程，并且指出其存在的问题，在此基础上提出了按照虚拟可信平台配置信息的不同变化特性，分为虚拟底层环境配置信息和客户虚拟机状态属性封装，对相对固定不变的虚拟底层环境状态执行标准封装，结合频繁变化的客户虚拟机状态属性封装，从而降低了客户虚拟机状态因频繁变化引起的多次封装操作的时间和空间开销。实验内容实现了软件可信完整性度量的核心部分 TSIML，针对 TSIML 的特点首先对 TSIML 实现机制的空间开销进行分析，其次对 TSIML 的检索和验证的时间开销进行分析，最后对 TSIML 封装存储的安全性分析，用实验数据证明软件可信完整性度量 TSIML 的方式系统开销较小，便于在实际环境中应用。

(3)基于虚拟可信平台软件行为动态可信评测。

主要介绍了如何对软件运行时的行为动态可信度量的方法。首先给出基于软件行为动态可信度量形式化的相关定义和描述，为软件行为动态可信评测奠定理论基础，然后深入探讨了软件行为动态可信评测所依赖的软件(预期)行为分析机制与监控机制。在软件行为分析的过程中，采用基于统计学习理论的 SVM 方法，根据软件的历史行为预测软件的未知行为以及可信策略所制定的规则来判定软件行为是否可信。软件行为监控机制由基于虚拟技术和沙箱技术实现。实验通过网格参数寻优算法对 SVM 进行了优化，并且对不同数目的样本集分别进行实验，实验结果表明该方法在有限样本的条件下也能得出较满意的预测精度。

(4)基于 Fuzzy-SVM 软件行为分类。

主要介绍了使用 FSVM 算法对软件实际行为的预测分类。首先对模糊理论和 FSVM 基本理论进行了介绍，然后通过分析 FSVM 的特点，指出该方法的关键在于模糊隶属度的设计，并提出了一种新的隶属度函数构造方法 KDFSVM，该方法对传统的距离模糊隶属度 DFSVM 进行了改进，引入各样本点紧密程度 ρ 和 k 最近邻点中属于同类的比率 p 来构造隶属度。实验结果表明采用 KDFSVM 算法对软件行为预测分类的准确率明显高于采用传统的 SVM 与 DFSVM 方法，并且对软件行为的识别率取 k 等于 2，3，5 时，$k = 5$ 的分类检测结果最优。最后得出结论：KDFSVM 方法可以明显提高软件行为识别率，为软件运行时行为可信性奠定了良好的基础。

1.4 各章节结构安排

本书各章节的组织结构具体安排如下。

第1章，绪论。主要对本书的研究背景和意义进行了概述，较为全面系统地阐述了可信计算、虚拟化技术、动态可信评测关键技术的研究现状及进展，最后列出了本书的组织结构、中心思路、创新点。

第 2 章，可信计算相关技术研究。本书的理论基础部分，详细介绍了本书所涉及的可信计算技术，包括可信计算信任链的构建、可信平台模块 TPM、可信计算平台体系结构，并对可信计算 TPM 的密钥管理功能和 TCG 的软件栈 TSS 的基本结构和功能进行了分析，为这些技术应用于虚拟可信平台软件可信性研究做了理论上的铺垫。

第 3 章，TSVTMM-层次化虚拟可信系统度量模型。这部分主要是在基于虚拟可信平台如何保障客户虚拟机软件可信性研究的基础上，针对软件的两个不同的执行状态提出了 TSVTMM-层次化虚拟可信系统度量模型。最后详细介绍了各部分的功能并进行了实验。

第 4 章，基于虚拟可信平台 TSIML 的封装存储。基于虚拟可信平台数据封装存储算法采用虚拟底层环境状态进行 TCG 标准封装，结合客户虚拟机状态属性封装对 TSIML 进行密封保护。实验在客户虚拟机 DomainU 中实现 TSIML 的核心功能，对 TSIML 实现机制的时间和空间开销进行实验分析，同时对 TSIML 的安全性进行研究。

第 5 章，基于虚拟可信平台的软件行为动态可信评测。动态可信评测方法依赖于软件行为分析机制和监控机制，并将可信度量机制的粒度细化到软件行为的层面。采用网格搜索参数寻优方法对 SVM 进行了优化，并且用实验结果证明论文提出的软件动态行为评测方法的可行性。

第 6 章，基于 Fuzzy-SVM 的软件行为分类。软件行为预测算法根据 Fuzzy-SVM 的特点，给出一种新的构建模糊隶属函数算法，该算法融入了模糊理论和支持向量机（SVM）算法，对软件行为进行预测和分类，实验结果表明 KDFSVM 能明显提高软件行为预测分类的准确率。

第 7 章，总结与展望。本书工作的全面总结，并展望未来的研究方向和研究重点。

本书的中心思路如图 1-2 所示，主要包括基于虚拟可信平台的可信软件静态完整性度量、软件行为动态可信评测两个部分，其中阴影部分为本书的创新点。

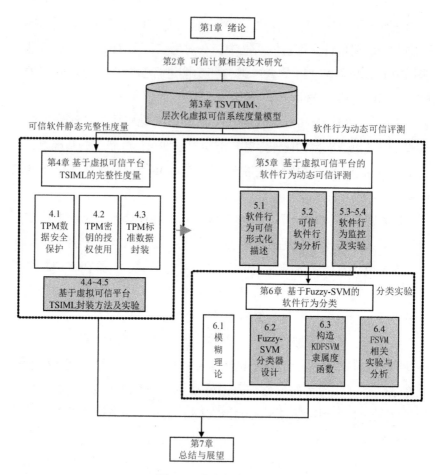

图 1-2　本书的中心思路

第 2 章　可信计算相关技术研究

可信计算是信息安全领域中的一种新技术，从硬件结构层对计算机系统进行安全保护，主要是通过增强现有的终端体系结构的安全性来保证整个系统的安全。终端可信的核心是可信硬件——可信平台模块（trusted platform module，TPM），通过 TPM 硬件来对软件层次的攻击进行保护。

本章阐述了可信计算的基本原理，并从硬件 TPM、软件栈和应用接口对可信计算平台的体系结构进行了说明，本章是全书研究工作的基础。

2.1　可信计算原理

目前，关于"可信"尚未形成统一的定义，不同的专家学者和不同的研究机构从各自的角度和层次出发提出了不同的定义。可信计算组织（trusted computing group，TCG）用实体行为的预期性来定义可信：一个实体的行为总是以预期的方式，达到预期的目标，则该实体是可信的。这一定义以实体的行为特征为可信的衡量对象，符合实践是检验真理的唯一标准的客观准则。可信计算的基本思想：首先，在计算机平台上构建一个信任根，然后从信任根开始到硬件平台和操作系统，再到应用软件和网络，在信任根的支持下逐层进行度量和验证，从而实现信任的逐层传递，建立起一条信任链，使信任扩展到整个计算机系统。

　　TCG 构建可信计算环境的基本思想源于人类社会学中的信任关系，信任根是可信计算环境的可信基点，是可信系统的核心。TCG 为可信平台定义了三个信任根：可信度量根(root of trust for measurement，RTM)、可信存储根(root of trust for storage，RTS)和可信报告根(root of trust for report，RTR)。RTM 作为平台可信度量的基点是平台启动时运行的第一段代码，它被称为可信度量根核(core root of trust for measurement，CRTM)；RTS 作为平台可信度量值的存储基点，RTS 由 TPM 芯片中的一组被称为平台配置寄存器(platform configuration register，PCR)和存储根密钥(storage root key，SRK)组成；RTR 作为可信平台向访问客体提供平台可信报告的基点，由 PCR 和背书密钥(endorsement key，EK)组成。

　　在 TCG 规范下，从信任根开始，通过信任链的传递把信任关系扩展至整个计算机系统，如图 2-1 所示。

　　信任链以 BIOS boot block 和 TPM 为信任根，其中 BIOS boot block 是可信度量根 RTM，TPM 是可信存储根 RTS 和可信报告根 RTR。系统加电时，首先启动 BIOS boot block 对主板 BIOS 进行数据完整性度量，保存度量日志并将度量值保存在 PCR 中，与事先存储的正确值进行比较，如果度量结果一致，则将系统的控制权交给 BIOS，执行 BIOS，由 BIOS 度量 OSloader，再到操作系统和应用程序，这样一级度量一级，一级信任一级，构成了一条信任链，从而把信任扩展到了整个计算机平台，确保了整个计算机系统的可信。

　　对信任的度量采用度量数据完整性的方法，通过计算密码学 Hash 函数来检测数据完整性是否遭到破坏。因为 TPM 是一个小型芯片，存储 Hash 值的 PCR 空间有限，为了节省存储空间，Hash 值计算采用一种扩展计算 Hash 值的方式，即将现有的 Hash 值与新值相连，再次计算 Hash 值并将新的完整性度量值存储到 PCR 中。

$$\text{Extend}(PCR_n, value) = SHA1(PCR_n \mid\mid value) \tag{2-1}$$

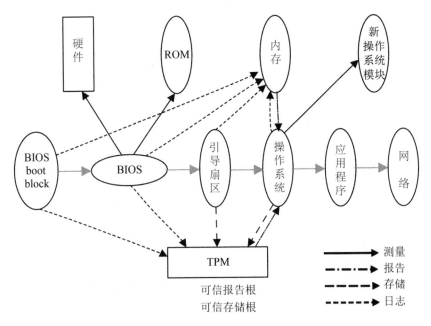

图 2-1 TCG 信任链构建

这种系统引导进行可信度量的信任链机制存在如下问题：信任链过长，不易维护；TCG 的信任链采用基于数据完整性的度量是一种静态度量，只能保证软件没有被修改，并不能确保软件在运行时的安全性。

2.2 可信平台模块 TPM

TCG 定义的可信平台模块 TPM 是可信计算的基石，是用来建立平台的可信性和保证平台安全机制的实现。

2.2.1 TPM 硬件架构

TPM 是一个含有密码运算部件和存储部件的小型片上系统 SOC

（system on chip），是可信系统的核心安全控制和运算组件。TPM 系统结构中包含的部件如图 2-2 所示。

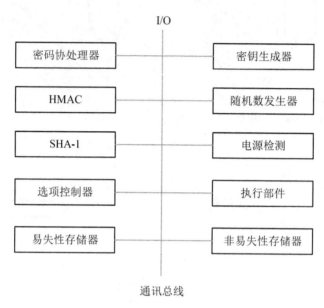

图 2-2　TPM 系统结构图

I/O 部件负责管理通信总线，以及 TPM 对内和对外的数据通信。

密码协处理器负责实现 TPM 中的密码运算，包括执行 RSA 运算，提供数字签名功能，数据的加解密功能，以及密钥的产生、存储和使用等的管理功能。

密钥生成器负责生成对称密码的密钥和非对称密码密钥对，密钥生成的过程中会使用随机数发生器生成的数据。

HMAC 引擎是基于 Hash 函数 SHA-1 的消息认证码硬件引擎，它可以发现数据发生错误或被篡改的问题。

随机数发生器是 TPM 的随机源，它负责产生各种运算所需的随机数，其输入的数据源可以是噪音、时钟等。

SHA-1 引擎是 Hash 函数 SHA-1 的硬件引擎，它负责完成 Hash 运算，其 Hash 接口是对外公开的，可以被调用。

电源检测负责管理 TPM 的电源状态以及与可信计算平台的电源关联，保证 TPM 能够检测到电源状态变化的情况。

选项控制器是 TPM 的控制接口，能够开启或关闭 TPM 各项功能，通过改变 TPM 中可变标志位，设置 TPM 的工作状态。

执行部件负责执行 TPM 命令，在执行的过程中，保证操作的隔离和对内部数据的保护。

易失性存储器在系统断电或重启时数据会丢失，通常是指平台配置寄存器 PCR。

非易失性存储器是一种掉电保持存储器，通常用于存放永久性的数据，如 EK、SRK 等。

2.2.2 TPM 的功能模块

从 TPM 的硬件架构可以看出，TPM 主要包括与可信计算相关的运算部件以及存储部件。TPM 的功能模块主要包括以下几部分。

① 密码算法：可以提供 SHA-1、RSA、HMAC 等密码算法以及产生随机数的功能。

② 安全存储：可以提供对数据安全存储的功能。通过存储根密钥 SRK 对产生的其他密钥进行加密，从而实现数据的安全存储。

③ 平台配置报告：可以提供系统从 BIOS 加载到操作系统启动的整个过程的平台配置寄存器 PCR 的记录，通过对关键数据的度量，报告平台的状态。

④数字签名：可以保证数字签名不被泄露。

可信平台模块 TPM 的各个部件在嵌入式操作系统的管理下构成一个以安全功能为主要特色的小型计算机系统，高度集成，功能强大。它与主板的绑定关系有物理绑定和逻辑绑定，物理绑定依靠硬件技术直接将 TPM 嵌入主板中，逻辑绑定依靠密码技术同平台绑定在一起。

2.2.3 TPM 的密钥管理

TPM 的一个核心功能就是通过密钥对数据进行保护，其基本要素包括密钥、数据、数据保护方式。密钥分为对称密钥和非对称密钥，数据是指任何被保护的数据，保护方式包括数据加解密、数据封装和数字信封等。TPM 芯片具有良好的物理防篡改性，通过其自身的密钥技术支持绑定和密封操作对数据进行保护。

TPM 密钥按照迁移属性分类，可分为可迁移密钥（migratable）和不可迁移密钥（non-migratable）两种类型。这里的"迁移"是指密钥需要由一个平台上的密钥空间转移到另外一个平台的密钥空间。可迁移密钥可用于多个平台解密同一密钥加密的数据，且可以将关键数据备份并恢复到另一个平台上使用。不可迁移密钥在 TPM 内部产生并且从产生到销毁整个生命周期里私钥都在 TPM 里，其本质是可用于一个并且仅用于一个 TPM。

TPM 密钥按照功能分类，可分为 7 种密钥，分别为存储密钥（storage key，SK）、背书密钥 EK 和平台身份认证密钥（attestation identity key，AIK）、签名密钥（signing key）、绑定密钥（binding key，BK）、密封密钥（sealing key）、鉴别密钥（authentication key）和派生密钥（legacy key）。其中存储密钥是用于加密数据和对其他密钥进行存储保护的通用非对称密钥，在整个存储密钥中拥有最高权限的存储密钥是存储根密钥 SRK，管理着用户的所有的数据。背书密钥是 TPM 的身份标志，EK 仅用于两种操作：一是创建 TPM 的所有者，二是生成身份证明密钥 AIK，AIK 是 EK 的代替物，它仅用于对 TPM 内部表示平台可信状态的数据进行签名，在平台远程证明中就是用 AIK 向质询方提供平台状态的可信报告。签名密钥是用于对数据和信息签名的非对称密钥。绑定密钥用于在一个平台中加密小规模的数据，然后在另一个 TPM 平台上进行解密。由于使用平台所特有的密钥进行加密，与该平台绑定。密封密钥不仅被绑定并且还与特定硬件或软件条件连接如 PCR 值。鉴别密钥是对称密钥，用来保护涉及 TPM 传输会话。派生密钥在 TPM 外部生成，被定义为可迁移，这些密钥用于平台之间数据的传输。

TPM 提供了基于硬件的密钥安全管理体系，而且可以把平台配置信息和加密数据信息关联起来，使数据只能在特定的平台配置下才能解密，从而提供了更高的安全特性。TPM 的存储空间有限，内部只存储 EK、SRK，其他各类密钥只能存储在 TPM 外部，因此 TPM 采用以 SRK 为根的多级密钥树型结构对密钥进行传递保护，父密钥用自己的公钥加密保护子密钥，子密钥需要父密钥解密后才能被使用。

TPM 的多级密钥树型结构如图 2-3 所示。

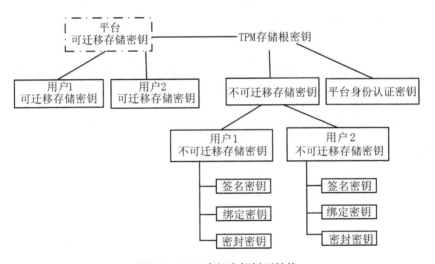

图 2-3　TPM 多级密钥树型结构

从图 2-3 中可以看出任何一个密钥都具有一个从存储根密钥 SRK 到该密钥的唯一路径，当需要使用该密钥时，就需要从 SRK 开始，从上至下逐级访问路径上的所有密钥。

2.3　可信计算平台体系结构

可信计算平台 TCP(trusted computing platform)以 TPM 为核心，但不仅指一块芯片，而是把 CPU、操作系统、应用软件、网络基础设备等融为一体的完整体系结构。可信计算平台体系结构可以分为三层：TPM、TCG 软件栈(TCG software stack，TSS)和应用软件。

TSS 处于 TPM 之上、应用软件之下，它负责管理底层 TPM 资源并为上层操作系统和应用软件提供使用 TPM 的接口。TSS 的系统结构分为四个逻辑层：工作在内核态的 TDD，工作在用户态的 TDDL、TCS、TSP，其系统结构如图 2-4 所示。

(1)设备驱动模块 TDD。

TDD(TPM device driver，TDD)是内核层的核心软件，它直接驱动 TPM，被 TPM 的嵌入式操作系统所确定。

(2)设备驱动库 TDDL。

TDDL(TSS device driver library，TDDL)是用户态与内核态的过渡，仅提供与 TDD 进行交互的 API 库，它不对 TPM 与线程之间的交互进行管理，也不对 TPM 命令序列化。TDDL 是单线程的，一个平台只有一个 TDDL 实例，因为 TPM 只允许单线程访问。

(3)核心服务模块 TCS。

TCS(TSS core service，TCS)是 TSS 的核心服务，一个平台仅有一个 TCS 实例，TCS 可以给多个 TSP 提供服务。它的主要功能是管理 TPM 资源，例如，上下文管理，存储与平台相关的密钥与证书，管理事件日志的写入与相应 PCR 的访问，负责 TPM 序列化等。

(4)服务提供模块 TSP。

TSP(TSS service provider，TSP)是面向应用提供的最高层的 API 函数，它以共享对象的方式和动态链接库的方式为应用程序服务，从

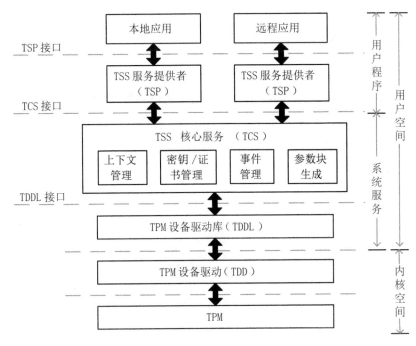

图 2-4   TSS 系统结构

而方便应用程序使用 TPM。每个程序在执行时都有属于自己的 TSP，在进程使用它时作为库被载入。TSP 提供两种服务：上下文（context）管理和密码操作。上下文管理产生动态句柄，每一个句柄提供一组与 TCG 相关操作的上下文，从而可高效使用 TSP 资源。密码操作主要为了充分利用 TPM 的安全功能，包括比特流产生功能和生成报文摘要功能。

TSS 的工作流程如下：应用程序把数据或命令通过 TSP 接口（TSP interface，TSPI）发给 TSP，TSP 处理后通过 TCS 接口（TCS interface，TCSI）传给 TCS，TCS 处理后再通过 TDDL 接口（TDDL interface，TDDLI）传给 TDDL，TDDL 处理后传给 TDD，TDD 处理并驱动 TPM，TPM 发出响应，反向传回给应用程序。

2.4　本章小结

　　本章主要介绍了可信计算基本原理和可信计算平台的体系结构，深入分析和研究了可信平台模块 TPM 的硬件架构和功能模块，重点介绍了 TPM 的密钥管理功能和 TCG 的软件栈 TSS 的基本结构和功能。通过这一章的分析，对可信计算平台的体系结构、可信平台模块 TPM 的工作原理和使用方法有更深入的认识，为后续章节的展开做了理论上的铺垫。

第3章　TSVTMM-层次化虚拟可信系统度量模型

近年来，虚拟化技术得到了迅猛发展和广泛应用。虚拟化技术能够在同一硬件平台上并行运行多个系统，为应用层提供多种平台操作环境，并且虚拟机监控器为上层各系统之间提供强隔离机制，一个系统受到攻击不会影响其他系统和整个平台，如何充分利用虚拟化技术的优势，确保虚拟机运行环境和服务软件的完整性、安全性成为亟待解决的问题，因此虚拟环境下实现可信计算技术是虚拟化技术与可信计算技术发展的必然趋势。

本章针对基于 XEN 的虚拟可信平台进行了深入的研究，指出 TCG 信任链在客户虚拟机中进行延伸存在的不足之处。在此基础上提出了基于虚拟可信平台的两阶段层次化可信系统度量模型 TSVTMM，TSVTMM 根据应用软件的两个执行状态——装载和运行，从整体上分为静态完整性度量和动态可信性评测两个阶段，并对各个模块的功能进行了介绍，关于静态完整性度量部分中度量列表的封装存储在第 4 章说明，动态可信评测的相关内容在第 5 章和第 6 章详细介绍。该模型是实现虚拟可信平台软件可信性的保障，为后续的研究工作奠定基础。

3.1　虚拟可信平台

虚拟可信平台(virtual trusted platform，VTP)是通过虚拟化技术在一个嵌有 TPM 的可信物理平台上创建出多个虚拟平台，并使用虚拟化的 TPM 将物理平台上由硬件 TPM 构建的信任链延伸至每个客户虚拟机。在当前的虚拟机实现中只有 XEN 虚拟机中加入了对虚拟化的 TPM 的支持。

3.1.1　XEN 体系结构

XEN 通过对底层物理硬件的管理和仿真，为上层每个运行的虚拟机实例提供一个物理环境的抽象。XEN 的体系结构如图 3-1 所示，上层的每一个虚拟机实例被称为 Domain，第一个被创建的 Domain 称为 Domain0，其他统称为 DomainU，其中 Domain0 最为特殊，它是一个特权域(privileged domain)，主要用于控制管理客户虚拟机 DomainU，包括 DomainU 的创建、销毁、配置、迁移以及提供相应的虚拟资源服务等。

XEN 通过共享内存方式实现各虚拟机之间的设备共享，XEN 采用前后端设备驱动分离的机制将原始的设备驱动分为后端驱动(backend device driver)和前端驱动(frontend device driver)两部分，其中 backend device driver 位于 domain0，frontend device driver 位于 domainu。domainu 需要访问物理硬件设备时，通过 frontend device driver 将访问请求发送给 backend device driver，再由 backend device driver 调用虚拟机管理程序(XEN hypervisor)提供的接口访问真实物理硬件设备。

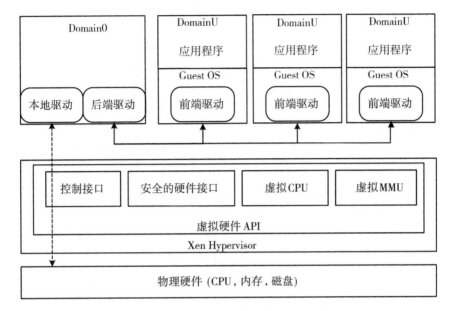

图 3-1　XEN 体系结构

3.1.2　vTPM 在 XEN 中的实现

为了让平台上的所有虚拟机都能享有 TPM 的可信计算功能，TPM 虚拟化成为必须解决的问题，这样使每一个虚拟机都认为拥有自己私有的 TPM。XEN 首先实现了对硬件 TPM 的支持，然后采用分离式 TPM 驱动框架对 TPM 硬件进行管理，具体的实现方式是：在 XEN 的 Domain0 中实现物理 TPM 的虚拟化。整个 vTPM 由一个 vTPM 后台管理器（vTPM manager）和一组 vTPM 实例（vTPM instance）两部分构成，Domain0 上运行的 vTPM manager 负责 vTPM 实例的创建和管理，当创建一个虚拟机时，vTPM manager 便会产生一个与之对应的 vTPM 实例并将其与新建的虚拟机绑定，虚拟机与 vTPM 实例的绑定关系是通过维护一张 VM-vTPM instance 关系表来实现。

在虚拟可信平台中，虚拟机使用 TPM 客户端–服务端驱动模型来与

vTPM 交互, 客户端驱动负责将 DomainU 中应用层的 TPM 请求发送给服务端驱动, 服务端驱动接收到请求后, 将其交到 vTPM 管理器, 然后把 vTPM 管理器处接收到的 TPM 响应返回给相应的虚拟机实例, 从而达到实现每一个虚拟机实例都能够利用 vTPM 实例进行物理 TPM 访问的目的。同一时刻, 可能会有多个虚拟机实例向 vTPM 发送请求, 因此必须确保各虚拟机实例的 TPM 请求只能发送到其所对应的 vTPM 实例, 防止虚拟机实例伪造 TPM 请求访问其他虚拟机的 vTPM 实例。解决的方法是在每个 vTPM 实例创建时分配一个 4B 的 vTPM 实例标志号, vTPM 管理器会根据标志号分发到对应的 vTPM 实例加以处理。XEN 虚拟机中 vTPM 架构如图 3-2 所示。

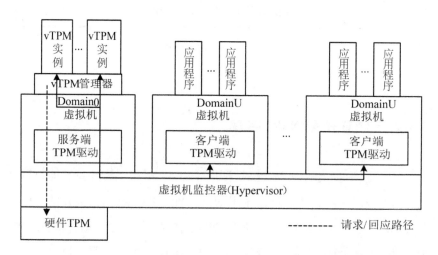

图 3-2　vTPM 架构

3.1.3　vTPM 与底层 TCB 的绑定

在虚拟环境下, 创建 vTPM 实例用来确保客户虚拟机的可信性, 度量的组件包括客户虚拟机 OS 以及上层应用, 度量摘要值保存在 vTPM 实例的 vPCR 中。为了在虚拟环境下实现可信度量功能, 必须建立

vTPM 与底层 TCB(trusted computing base)的绑定关系，包括 vTPM 实例的软件组件(vTPM 实例与 vTPM 管理器)，相应的虚拟机运行环境(hypervisor 与特权域)以及底层 TPM 固件。虚拟可信平台信任链传递如图 3-3 所示。

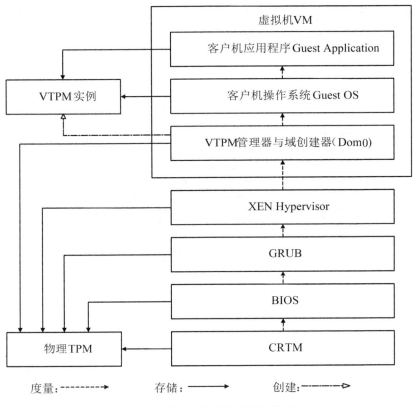

图 3-3　虚拟可信平台信任链传递

由于传统的引导载入程序是不支持系统可信启动的，采用可信引导载入程序 trusted GRUB 增加对所引导的系统内核二进制代码进行完整性度量、完整性验证、完整性存储等功能。trusted GRUB 主要是通过对原有的引导载入程序 GRUB 改造来实现的。

trusted GRUB 负责度量 hypervisor、特权域内核以及 vTPM 管理器等

组件，度量过程所产生的度量值将被扩展到硬件 TPM 的 PCR 寄存器中。当 Domain0 启动某一个 DomainU 时，会根据需要对该虚拟机的客户操作系统进行完整性度量，并将度量值扩展到相应的虚拟 TPM 的 vPCR 中，为了使虚拟 TPM 中的 vPCR 值能够反映虚拟机实例和底层环境的配置信息，将 vPCR 寄存器划分为两组：0~8 号这 9 组 vPCR 值存放虚拟平台 TCB 的配置信息，即将物理 PCR 的低位映射到每一个虚拟 TPM 的 vPCR 中的值，这 9 组 vPCR 值实际存放底层物理配置信息；9~23 号 vPCR 值保留供虚拟客户操作系统使用。物理 PCR 与 vPCR 的映射关系如图 3-4 所示。

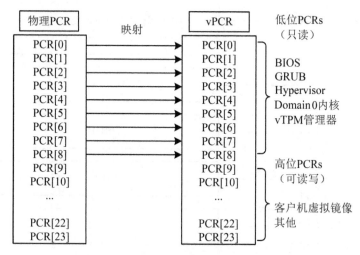

图 3-4　物理 PCR 与 vPCR 的映射关系

3.2　虚拟可信平台信任链的不足

客户虚拟机 DomainU 将启动运行时度量完整性的值扩展存入虚拟 PCR 中，虚拟 TPM 的构建使 TCG 的信任链延伸到了客户虚拟机，实现了客户虚拟机的可信启动,即虚拟可信平台顺序固定的逐级度量启动加载部件的完整性,当完整性遭到破坏时终止启动。但是,这是单一链式静态度量过程,可信启动后,由于客户虚拟机应用层大量的应用软件存在,并且其加载顺序具有随机性、无序性,TCG 的度量方法不能对应用软件实施度量,无法确保虚拟客户系统启动运行后的动态可信性。

鉴于目前研制出的可信计算机只能实现单一链式静态完整性度量,本书提出层次化虚拟可信系统度量模型,该模型按照不同的度量机制对应用软件的两个执行状态——装载和运行进行可信度量,实现了基于虚拟可信平台的软件可信性保障。

3.3 层次化虚拟可信系统度量模型

基于虚拟可信平台软件可信性是指平台中运行的软件的行为及行为的结果总是与预期一致,软件可信性度量是软件可信性的量化表示,是软件可信性基础研究的核心问题。因此本书在研究基于虚拟可信平台软件可信性的基础上,提出了层次化虚拟可信系统度量模型(two-stage strategy virtualized trusted system measurement model, TSVTMM)。

在 XEN 系统中,每一个 vTPM 所对应的客户虚拟机操作系统启动后,可信引导一个特殊应用 TSVTMM,TSVTMM 作为守护进程运行在内核空间对应用软件进行度量,其架构如图 3-5 所示。

TSVTMM 用来度量应用软件的可信性,根据应用软件的两个执行状态——装载和运行,整体上分为完整性度量和动态可信性评测两个阶段。分别用完整性度量模块和动态可信评测模块实现其度量功能,TSVTMM 的工作过程如下。

(1)首先由可信基础层保证虚拟平台的执行部件可信启动,包括

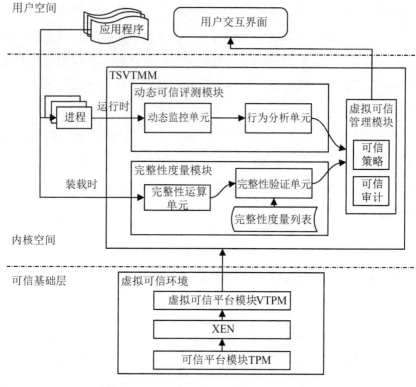

图 3-5 TSVTMM 模型

BIOS、启动加载器、Hypervisor、特权管理域内核、vTPM 管理器、客户虚拟机操作系统。

（2）接下来由客户虚拟机操作系统可信引导 TSVTMM，TSVTMM 接管操作系统控制权后，对应用软件进行度量。

（3）完整性度量模块负责对将要装载的应用软件可信属性信息进行完整性度量。其中完整性运算单元通过 vTPM 调用底层 TPM 模块提供的哈希函数计算其哈希值，并将该度量值发送给完整性验证单元。完整性验证单元请求获取加密封装的可信软件完整性度量列表（trusted software integrity measure list，TSIML），将度量值与列表中该完整性校验值进行比对，根据比对结果决定是否装载该软件，并将度量结果反馈给用户。

(4)可信装载后的应用软件在运行的过程中进行基于软件行为轨迹的动态可信评测，根据评测结果决定是否允许其继续运行，并将评测结果反馈给用户。

3.3.1 完整性度量模块

完整性度量模块在结构上与 vTPM 相连，在虚拟操作系统启动时加载，执行可信软件属性信息的完整性度量具体工作。其组成包括完整性运算单元、完整性验证单元、完整性度量列表。

(1)完整性运算单元。

完整性运算单元通过 vTPM 调用底层 TPM 提供的哈希运算功能，对将要装载的应用软件的静态可信属性信息实施哈希运算，得到该软件的完整性度量值(最新的文件状态)。该过程包括两个关键因素：哈希运算和可信属性信息。

哈希运算由底层 TPM 模块中的密码算法引擎所提供，将输入的可信软件属性信息进行哈希运算，生成定长的哈希值。由于输出的哈希值具有不可逆的性质，可以判别输入的软件可信属性信息是否被篡改。

可信属性信息是能够唯一表示该应用软件相关内容，该内容可以是应用软件的各类参数值、存储信息以及执行代码等。下面给出相应的软件可信属性哈希算法。

算法 1. TSIML_Hash（File, f1, f2, f3……）

/*输入文件绝对路径(File)及文件属性信息(f1,f2,f3……),打开文件,将文件内容读入内存,用 TPM 进行 Hash 计算,返回哈希结果*/

{

　//以二进制打开文件

```
1. IF（!（fp＝FOPEN（File,"rb"）））
2. printf（"Can not open this file! \n"）;
3. Continue;
4. ENDIF
//文件指针转到文件末尾
5. FSEEK（fp, 0, SEEK_END）;
//计算文件长度,如果文件超过最大长度,则退出
6. IF（（len＝FTELL（fp））＝＝-1）
7. printf（"Sorry! Can not calculate files so larg"）;
8. FCLOSE（fp）;
9. Continue;
10. ENDIF
11. FREAD（FileStream, 1, len, fp）;
//将装载文件及属性信息合并,并调用 vTPM 进行哈希
12. File_hash＝ TPM_SHA1（FileStream+f1+f2+f3+……）;
13. FCLOSE（fp）;
14. Return File_hash;
}
```

（2）完整性验证单元。

完整性验证单元负责比较完整性度量值与该软件的完整性校验值，若结果一致表示软件运行前可信，装载该软件；否则表示被篡改，不允许其装载，并将验证结果传送给虚拟可信管理模块，由管理模块反馈给用户。

（3）可信软件完整性度量列表 TSIML。

TSIML 是软件静态可信属性完整性验证的依据，是软件运行前可信的评判标准，作为软件完整性验证的核心部分，应考虑以下问题。

① TSIML 的真实性保证。度量列表的真实性和安全性是保证后续系统可行的先决条件，对于这部分内容在本书第 4 章专门提出虚拟可信平台数据封装机制来保证 TSIML 的真实性。TSIML 通过虚拟 TPM 进行加密存储，完整性验证单元在进行对比之前先要对 TSIML 进行解封操作，执行完毕后对列表文件进行存储密封。

② 应用软件的正常更新和升级。由于应用软件升级或功能增加使可执行代码类型、数量都会发生变化，需要 TSIML 随应用的需求变化而动态更新。

TSIML 的格式如图 3-6 所示，其中主要包括两大部分：度量列表的一般信息和度量列表项。度量列表的一般信息包括度量列表更新时间和度量列表制定者的身份等；而度量列表项与每一个软件可信属性相关，包括每一个可执行代码文件的路径名及其完整性校验值。

```
#The format of TIML
#Time is ******
#Writer is *****

files                                      Hash
/usr/sybase/bin/dataserver                 | 2258c1fbdd0944a897ec3036fc786c3764a3d9e4
/usr/sybase/bin/backupserver               | cd33a245d546c7add41069b38b6a5aa840602bc3
/usr/bin/zip                               | 42cd473cbde92e5a6c9b0b0a13a0725782785e7c
/usr/bin/git                               | 202e679b0058eb0079bc5d2846b22a116492c8d2
/usr/bin/wget                              | 4dce47d7197629a2876d2d0ee000e6164f600fbc
/usr/local/apache2/bin/apxs               | b3eed3c17edb83b28813bad2b33c4d8c3d9dcc80
/usr/local/mysql/share/mysql/mysql.server | 15394cb0c1675810062cbac6465e184d703e89e8
/usr/local/mysql/bin/mysqld_safe          | c15ed93ebe14ccc26805018dee7c4ed70b7a3d2c
......
```

图 3-6　TSIML 格式

3.3.2　动态可信评测模块

动态可信评测模块由监控单元、分析单元组成，监控单位主要负责对软件运行的实际行为的监控，并将从中提取的实际行为特征提交给分析单元，分析单元采用行为动态分析的方式，分析待评测软件的预期行为，供管理模块使用。

（1）监控单元的功能目标主要是负责监控软件运行时的实际行为，由软件行为实时监控方法实现对软件运行实例执行过程的实时监控，并生成软件实际行为，在此基础上，由实际行为特征提取方法得到软件实际行为特征轨迹，并将从中提取的实际行为特征提交给分析单元，由分析单元完成度量行为的动态可信性工作。

（2）分析单元的功能目标主要是负责分析待评测软件的预期行为特征，本书提出采用模糊隶属度与支持向量机 SVM 结合的方式，对软件行为进行评测，并将评测结果提交给管理模块。

3.3.3 虚拟可信管理模块

虚拟可信管理模块的目标功能主要是根据软件可信完整性度量结果决定是否继续装载程序、软件行为动态可信评测的管理及用户交互功能。

在软件装载时，根据完整性度量模块中的完整性验证单元传送的验证结果决定是否强制终止软件装载操作；在软件运行过程中，根据动态可信评测模块中的分析单元和监控单元所提交的软件实际行为特征和预期行为特征进行动态可信评测，动态可信评测方法则是基于软件行为可信策略得出软件行为是否可信的评测结论。用户交互功能负责提供与用户进行交互的用户界面，接收用户提交的待评测软件，以及向用户反馈评测结果。

3.4 实验与分析

虚拟环境是虚拟可信计算的基础，XEN 作为开源虚拟操作系统的主流系统之一，提供多个厂商 linux 操作系统的支持，本章实验的主要目的是搭建可信虚拟环境，并且验证 XEN 的系统整体架构中 TPM 与 vTPM 的实现机制。实验过程为首先在 XEN 上搭建特权管理域，然后启动虚拟 vTPM。

3.4.1 XEN 虚拟可信环境配置

XEN 虚拟环境硬件配置如表 3-1 所示，XEN 虚拟环境 Domain0 软件配置如表 3-2 所示。

表 3-1 **XEN 虚拟环境硬件配置表**

硬件类型	硬件品牌	硬件配置
处理器	Intel Core i3 CPU	M370 2.4GHz
内存	Samsung DDR3 1066	2G
硬盘	Hitachi HTS7250	500G
显卡	NVIDIA NVS 3100M	512M

表 3-2 **XEN 虚拟环境 Domain0 软件配置表**

软件类型	软件名称	软件版本
操作系统	ubuntu	10. 04. 4 desktop i386
操作系统内核	linux kernel	2. 6. 32. 38
虚拟操作系统	XEN	3. 4. 4
特权域内核	linux kernel	2. 6. 38. 4
内存	Hitachi HTS7250	500G
TPM	TPM emulator	0. 4. 1
显卡	NVIDIA NVS 3100M	512M
libssl	SSL shared libraries	0. 9. 8
openssl	open secure socket layer library	0. 9. 8
GMP	arbitrary precision arithmetic	5. 0. 4

3.4.2　TPM_emulator 编译实验

步骤1：在计算机中安装 Ubuntu10.04，按照系统提示进行安装。安装成功后从系统登录。

步骤2：搭建 TPM_emulator0.4.1 环境。

安装 m4、cmake、gmp−5.0.4、openssl−0.9.8、libssl−dev、qt4−qmake、g++、libqt4−dev 等安装包。

安装 tpm_emulator。

① 进入 tpm_emulator 安装目录，然后执行以下操作。

#sh build. sh

#cd build

#make

#make install

② 使用 root 权限，对 TPM 进行初始化。

#tpmd deactivated

#killall tpmd

③ 启动 TPM 模拟器(见图3-7)。

#modprobe tpmd_dev

#tpmd −f −d clear

步骤3：安装 trousers。

①下载 trousers 安装包，解包后执行以下操作。

sh bootstrap. sh

./configure

make

make install

② 启动 TCSD(见图3-8)。

#tcsd −f

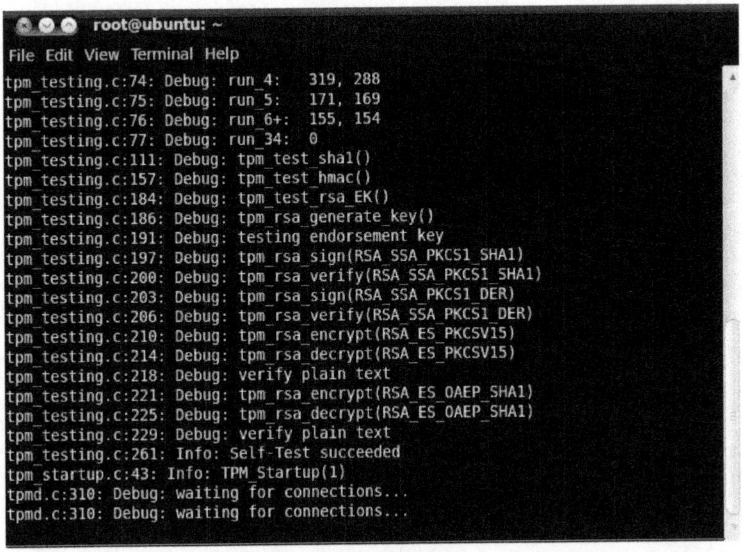

图 3-7　TPM 模拟器启动

图 3-8　可信软件栈启动

步骤 4：安装 tpm-tools、tpmmanager，启动 TPM 管理器（见图 3-9）。

#tpmmanger

3.4.3　XEN3.4.4 环境编译

步骤 1：下载 XEN3.4.4，并配置环境参数，进行编译。

①从 http：//www.xen.org/download/index_3.4.4.html 下载 XEN

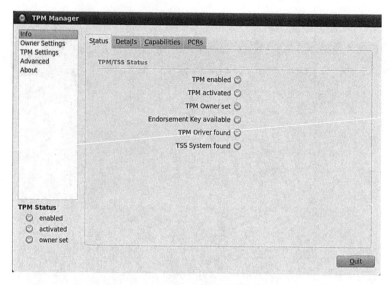

图 3-9　可信计算模块管理器启动

3.4.4 版本软件，并将软件解包到/usr/src 目录下。

② 安装 Ubuntu 中 XEN 需要的系统安装包。

③ 对 XEN 相应配置文件进行更改。由于本实验采用 TPM_emulator
模拟硬件 TPM 功能，需要对三个文件的参数配置进行修改。

④对 XEN 环境进行编译，并安装到相应目录下。

在/usr/src/xen3.4.4/目录下执行编译命令。

root@ Ubuntu：/usr/src/xen−3.4.4# make xen

root@ Ubuntu：/usr/src/xen−3.4.4# make tools

root@ Ubuntu：/usr/src/xen−3.4.4# make stubdom

然后将编译结果进行安装。

root@ Ubuntu：/usr/src/xen−3.4.4# install−xen

root@ Ubuntu：/usr/src/xen−3.4.4# install−tools PYTHON_PREFIX
_ARG=

root@ Ubuntu：/usr/src/xen−3.4.4# install−stubdom

XEN 中配置 TPM_emulator 编译项如图 3-10 所示。

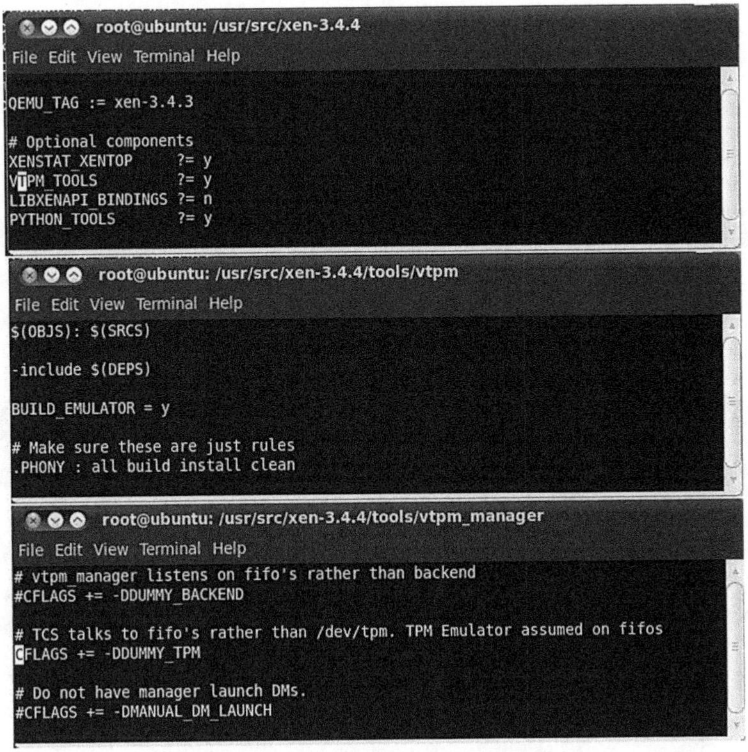

图 3-10　XEN 中配置 TPM_emulator 编译项

步骤 2：编译 LINUX 内核，并将系统内核升级到支持 XEN3.4.4 的版本。

①从网站下载新的 LINUX 内核文件。

由 网 站 https：//www. kernel. org/pub/linux/kernel/v2.6/linux － 2.6.38.4. tar. bz2 下载压缩包，然后将程序包解压到/usr/src/linux 下。

② 配置 LINUX 内核。

实验中我们要启动 XEN，因此要在 LINUX 内核中编译对内核进行配置。同时要求内核支持 TPM。将系统中原来的内核配置文件拷贝到 LINUX 目录下，执行内核配置程序对 XEN 选项进行配置。

cp　/boot/config － 2.6.32 － 38-generic　/usr/src/linux/linux － 2.6.

38.4/. config

#make menuconfig

对 linux 操作系统 kernel 关于 XEN 的相关配置进行设置，如图 3-11 所示。

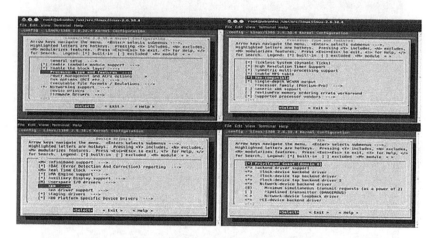

图 3-11　配置 linux 内核中的 XEN 模块

③ 编译 linux2. 6. 38. 4 内核。

#make

#make install

#make modules_install

3. 4. 4　配置 GRUB 可信引导，启动 XEN

步骤 1：配置 GRUB 中 XEN 启动项。

在系统启动列表中，配置 XEN 的启动内容，将 XEN 作为系统内核启动，同时把特权域 Domain0 作为 XEN 的一个模块启动，在/boot/grub/menu. lst 中添加相应内容，如图 3-12 所示。

步骤 2：从 XEN 启动 Domain0，当重新启动时，启动菜单中已经增

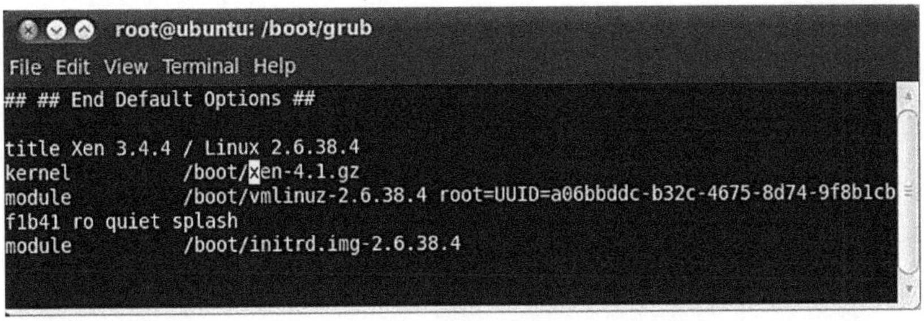

图 3-12　配置 GRUB 中的 XEN 启动项

加了 XEN3.4.4 的启动选项，按回车键后，系统进入 XEN 启动环境（见图 3-13）。

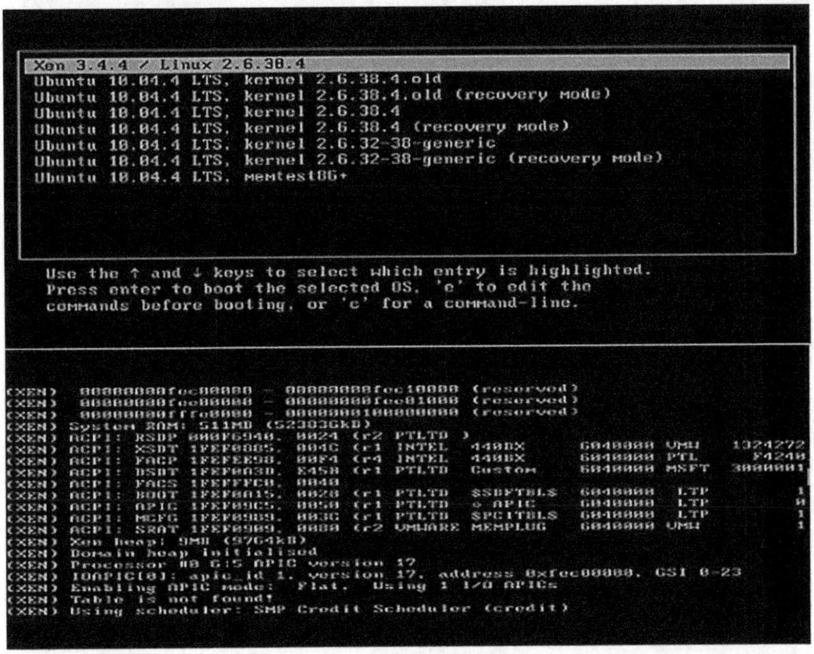

图 3-13　XEN 环境启动

3. 4. 5　启动 XEN 特权域中的 vTPM

进入系统后，系统已经正常启动，使用 root 用户登录，验证 XEN 内的虚拟可信启动环境。

步骤 1：查看/dev 目录，已经生成 vTPM 设备(见图 3-14)。

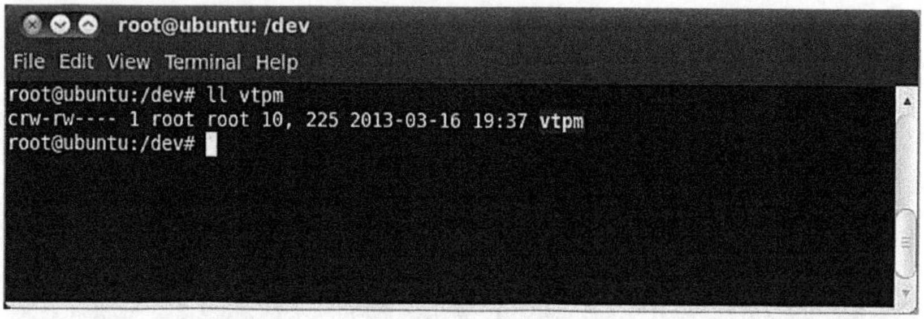

图 3-14　配置 GRUB 中的 XEN 启动项

步骤 2：启动 vTPM(见图 3-15)。

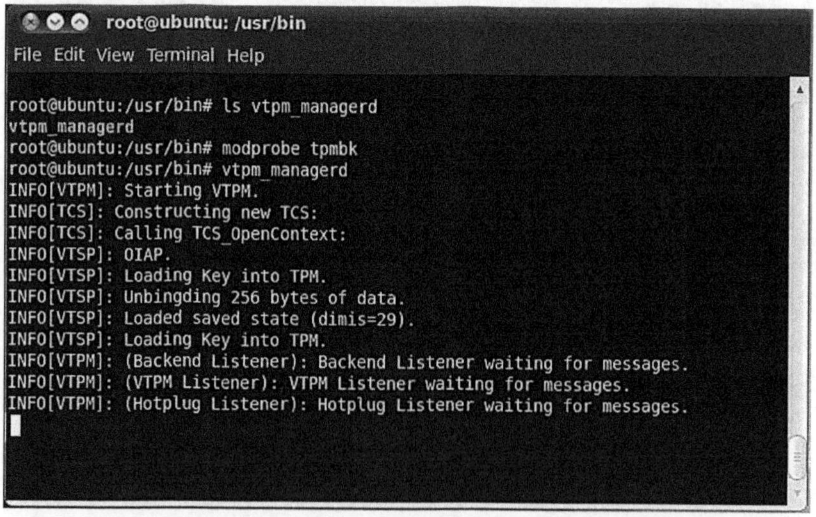

图 3-15　启动 Domain0 中的 vTPM

3.4.6 虚拟可信基础环境实验结果分析

本章实验通过对 TPM_emulator 编译、XEN3.4.4 环境编译、linux kernel 编译，配置系统可信启动引导 GRUB，启动 vTPM 等一系列工作，对虚拟可信平台的整体架构进行深入理解，并且对虚拟可信的底层实现机制的研究做出充分准备。

从实验中结合虚拟操作系统的规范及 vTPM 的理论内容，得出以下结论。

①明确 XEN 在编译和安装过程后，从系统启动 GRUB 开始接管原操作系统对底层物理环境的控制权限，同时把原系统升级为 Domain0，成为 VMM 之上的一个特权域，这个结论可以从图 3-12 的配置内容中看出。

②虚拟操作系统对于虚拟环境的管理采用前端驱动和后端驱动的方式，虚拟客户操作系统对硬件资源的访问将通过前端驱动经后端驱动，然后由 VMM 进行最终的访问和控制。

③ vTPM 的实质是在 TPM 的基础上的虚拟化，在 XEN 编译过程中，安装程序会自动下载 TPM_emulator 程序进行编译，同时会将 TPM 的功能转化为 vTPM 的相应功能，通过 Domain0 产生 vTPM 实例提供给特权管理域 Domain0 和虚拟域 DomainU 调用。

这些实验结论在后续的数据完整性度量和封装以及软件行为可信度量的研究中有相当大的使用价值。

3.5 本章小结

本章主要从总体上介绍基于 XEN 虚拟可信平台软件可信性度量的理论模型，并且围绕这种模型展开相应的研究工作。首先详细分析了

XEN 的体系结构、XEN 中 vTPM 的实现方式、虚拟可信平台信任链的
传递以及 vTPM 与底层 TCB 的绑定关系。在此基础上阐述了基于虚拟
可信平台的两阶段层次化可信系统度量模型 TSVTMM,并对各个模块的
功能进行了介绍。该模型对信任链进行了扩充,为后续的研究工作奠定
了基础。本章的实验部分针对 Ubuntu10. 04 操作系统和 XEN3. 4. 4 环境
进行编译,驱动 vTPM 实例。实验研究了虚拟可信基础平台环境的机
理,深入分析了 vTPM 架构,为后面可信度量和行为评测做了充分
准备。

第 4 章　基于虚拟可信平台 TSIML 的封装存储

上一章提出了 TSVTMM 模型，采用装载时软件完整性度量以及运行时软件行为动态可信评测相结合的方法，这一方法在客户虚拟机中实现了软件的可信性保证。在进行完整性度量时，需要读取作为可信标准的可信软件完整性度量列表 TSIML 中相关对象的度量值，因此 TSIML 的真实性对于应用软件的可信性至关重要。由于客户虚拟机正常更新、软件升级等平台配置的改变都会导致封装存储过程复杂化，需要对数据封装和解封方法进行研究，在虚拟可信环境下，应当通过 vTPM 所提供的封装存储功能保护 TSIML 的完整性，以提高 TSIML 的安全性和保密性，进一步提高封装和解封方法在保护敏感数据中的可用性。

本章针对 TSIML 安全保护提出了基于虚拟可信平台的封装存储方案，采用虚拟底层环境状态进行标准封装，结合客户虚拟机状态属性封装，降低了因客户虚拟机状态频繁变化引起的多次封装操作的时间和空间开销。

4.1　TPM 数据安全保护

数据保护是 TPM 的核心功能之一。TPM 数据保护是密钥对数据采用特定的保护方式，通过加密的保密信息只能在拥有相应密钥的专有存储块中才能被解密的方法实现。通过建立平台的保护区域(如内存或寄存器)实现对敏感数据的访问控制,从而控制外部实体对这些敏感数据的访问。应用软件在使用 TPM 数据保护功能时并不直接与 TPM 交互而是通过调用可信软件栈 TSS 的接口来使用 TPM 提供的安全功能。

TCG 的 TPM 规范中定义了 4 种数据保护方式。

(1)数据绑定。

数据绑定是指使用 TPM 创建的密钥的公钥部分加密所要保护的数据,只有对应的私钥才能解密被加密的数据。如果这个私钥是在 TPM 内部受 TPM 保护的不可迁移密钥,则只有创建了这个密钥的 TPM 才能解密该加密数据,因此该加密数据就被认为绑定到特定的 TPM 上。如果这个私钥是可迁移密钥,则这种加密方法等同于一般的加密方法,因为密钥可以由一个平台上的密钥空间转移到另外一个平台的密钥空间,则被加密的数据可以被另外一个平台上 TPM 解密。

(2)数据封装。

数据封装比数据绑定安全性更高,在对所要保护的数据加密时不仅使用了 TPM 创建的公钥,同时还将当前平台软硬件配置信息加入到加密的过程中。TPM 在执行加密操作时将待加密的数据以及平台配置寄存器 PCR 的哈希值一起加密,当 TPM 解密时,首先验证当前平台的配置哈希值与加密时平台的配置哈希值是否一致,如果一致则释放解密后的数据,否则解密失败。这种加密数据的方法把要加密的数据与 TPM 的状态关联起来,当且仅当 TPM 的状态与封装时的状态相同时,才能把加密过的数据恢复为原来的数据。

(3)数据签名。

TPM 使用专门用于签名的签名密钥对数据进行签名操作。签名密钥是通用的非对称密钥,只能被用于签名,而不能用于其他加密操作,这样可以防止恶意用户使用签名密钥加密特定的数据伪造成有效签名。

(4)封印签名。

数据签名也可以与平台配置寄存器 PCR 的哈希值绑定在一起,

TPM 在执行签名操作时，将待签名的数据与平台配置寄存器的哈希值一起进行签名操作，使签名的数据与平台特定的配置值绑定在一起。

4.2　TPM 密钥的授权使用

TPM 使用授权数据机制来控制密钥的使用，TPM 所有权的建立、对象的迁移等行为，TCG 规定密钥的使用必须经过授权，这种授权体现在使用者必须拥有密钥的授权数据，并且通过验证，否则不能使用该密钥。密钥授权数据在密钥创建时设定，TCG 规定：授权数据 = Hash (共享的秘密数据 ‖ 随机数)，TCG 采用 Hash 函数是 SHA-1。

由于 TPM 存储空间小、资源有限，在 TPM 内部只存储 EK、所有者授权数据、SRK 以及 SRK 的授权数据，TPM 所创建的其他各类密钥及其授权数据只能存储在 TPM 之外(例如本地硬盘上)，为了确保存储在 TPM 外部的密钥的安全性，在密钥创建的时候为其指定父密钥，指定的父密钥是一个存储类型的密钥，可以是存储根密钥 SRK 或者是一个已生成的存储密钥，由父密钥对该密钥进行加密之后以密文的形式存储到 TPM 外部，在使用存储在 TPM 之外的密钥之前，需要一个加载到 TPM 的过程，任何一个密钥都具有一个从存储根密钥 SRK 到该密钥的唯一路径，当需要使用该密钥时，就需要从 SRK 开始，从上至下逐级访问路径上的所有密钥。TPM 密钥存储管理如图 4-1 所示。

TPM 规范中给出密钥及其授权数据相关的数据结构，在结构 TPM _KEY 中存放的是 TPM_STORE_ASYMKEY 加密后的值，TPM_STORE_ASYMKE 的结构如下所示：

typedef struct tdTPM_STORE_ASYMKEY ｛

　　TPM_PAYLOAD_TYPE payload ;

　　TPM_SECRET usageAuth ;

　　TPM_SECRET migrationAuth ;

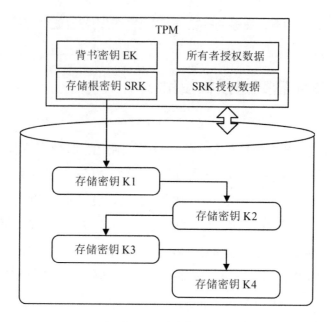

图 4-1 TPM 密钥存储管理

TPM_DIGEST pubDataDigest;

TPM_STORE_PRIVKEY privKey;

} TPM_STORE_ASYMKEY;

可以看出该结构中包含密钥的使用授权数据 usageAuth、密钥的私钥部分 privKey 等，因此密钥的私钥部分和密钥的授权数据 usageAuth 是用其父密钥加密后存放在同一个数据结构中。

密钥属于敏感数据，需要对其进行访问控制，外部实体只有知道密钥所对应的授权数据才能使用该密钥，由于要使用的 TPM 密钥以密文的形式存储在 TPM 外部，使用之前，必须先调用 TPM_LoadKey 命令将密钥加载到 TPM 内部，该命令的输入参数包括需要调入密钥的 Keyblob（即规范的 TPM_Key 结构）、其父密钥的 Handle 值（要加载一个密钥必须要确保其父密钥已经被调入 TPM 中）、父密钥的授权数据等，执行时，首先判断父密钥的授权数据是否与外部实体提供的一致，即将外部提供的授权数据和从 TPM_STORE_ASYMKEY 中得到的 usageAuth 进行比较，如果相同则使用父密钥解密要加载密钥的 TPM_STORE_ASYMKEY 结构，将该密钥的信息调入到 TPM 内部，否则返回错误。

在执行数据封装、绑定等操作之前必须由其父密钥将该密钥加载到 TPM 内部，执行相应操作时都需要提供该密钥的授权数据，通过比较外部提供的授权数据和 TPM_STORE_ASYMKEY 结构中的 usageAuth 是否一致决定外部实体是否拥有该密钥的使用权。

4.3 TPM 标准数据封装

4.3.1 数据封装方式

在 TSS 层与数据封装有关的功能接口函数是 Tspi_Data_Seal 与 Tspi_Data_Unseal，外部实体调用函数 Tspi_Data_Seal 对敏感数据进行加密，调用函数 Tspi_Data_Unseal 对其进行解密，这个被封装的数据由不可迁移密钥的公钥来进行加密，必须由在 TPM 内部的对应的私钥进行解密。TPM 标准数据封装实现机制描述如下：外部实体对数据进行封装存储时，首先选择该数据所要绑定的平台软硬件配置，即选择相应的平台配置寄存器 PCR 的值作为绑定信息并用 pcrSelection 表示，对其进行哈希运算，然后把待封装数据与此哈希值作为整体进行加密后存储(数据封装)。当需要解封数据时，先根据 pcrSelection 读取相应的当前平台配置寄存器 PCR 的值，并计算哈希，通过比较数据封装时的哈希值与当前的哈希值是否一致决定外部实体是否允许读取此数据。数据封装和解封关系如图 4-2 所示。

数据封装的过程是通过关联一个特定 TPM 的状态，用 TPM 对其封装，最后仅仅能由 TPM 解封，待封装的数据和 PCR 寄存器的值通过一

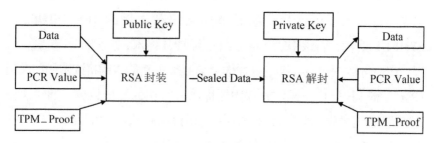

图 4-2　TPM 的数据封装和解封

个相关不可迁移密钥被 TPM_seal 命令封装，只有当状态和 PCR 值一致时才能被 TPM_Unseal 命令解封。具体封装过程如图 4-3 所示。

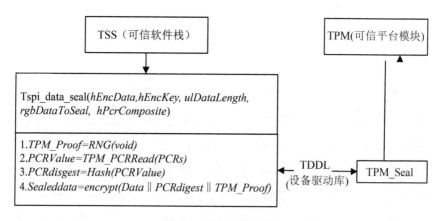

图 4-3　数据封装过程

封装操作步骤如下。

步骤 1：随机数生成器产生平台验证信息 TPM_Proof（该信息存储于 TPM 内部，不允许任何外部实体访问，主要用于数据封装，约束密钥的使用范围，只能在 TPM 内部使用）。

步骤 2：读取系统启动后的平台配置 PCR 的值。

步骤 3：对所读取的 PCR 的值进行哈希运算 Hash（PCR Value）。

步骤 4：使用由 TPM 授权的密钥对数据 Data、PCR Value 哈希值以及平台验证信息 TPM_Proof 进行封装，产生封装数据 Sealeddata。

解封过程是封装过程的逆操作，具体解封过程如图 4-4 所示。

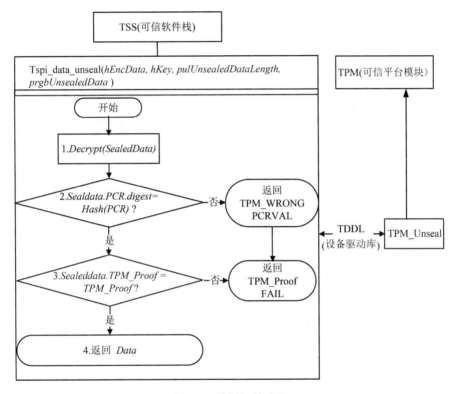

图 4-4　数据解封过程

解封操作步骤如下。

步骤 1：用 TPM 的授权密钥在 TPM 内部解密加密数据。

步骤 2：检验解密出的 PCR 值与当前平台 PCR 值是否一致，如果一致转到步骤 3，否则返回 PCR 值错误。

步骤 3：检验解密出的 TPM_Proof 与 TPM 内部存储的数据的值是否一致，如果一致转到步骤 4，否则，返回 TPM_Proof 值错误。

步骤 4：TPM 向外部实体返回 Data。

4.3.2 存在的问题

对于数据封装操作，将数据与平台配置进行封装绑定后，只有在平台配置与封装时的配置一致时，数据才能被解封，当平台遭到安全攻击时，其平台配置必定发生改变，导致无法解封(读取)被封装数据，因此有效防止了数据在遭受攻击的平台的非法访问，因此 TPM 的数据封装技术提供了强有力的数据安全保护。由于数据封装方法要求非常严格，在实际的应用中受到很大的限制，例如平台的正常更新操作如软件升级、系统补丁等。每次正常更新都会导致平台配置发生改变，使之前封装的数据无法解封。

解决这一问题的一种方法是在平台配置正常更新时把所有已封装的存储数据按更新后的平台配置重新进行封装存储，这样就会引起由于软件正常更新及系统补丁带来的频繁封装问题，造成系统的极大开销。例如，数据 Data 与平台配置 PCR_1 封装绑定为 $[Data, PCR_1]$，当且仅当平台配置值为 PCR_1 时，数据才能被解封使用。若平台遭到攻击使得平台配置值变为 PCR_2，则无法解封 Data，起到数据保护的作用。但是如果系统由于正常更新引起的平台配置值从 PCR_1 变为 PCR_3，就必须进行解封和重新封装数据。更新后封装失效问题，如图 4-5 所示。

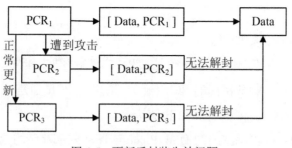

图 4-5 更新后封装失效问题

当系统配置频繁变化时就会导致对所有已封装数据进行繁琐的重封装操作,这样会使数据的维护变得异常复杂,增加系统额外开销,极大限制了可信计算功能的使用,因此有必要对这种方法进行一定的改进。本书基于虚拟可信平台中的完整性度量列表 TSIML 提出了一种新的数据封装方法,使用虚拟可信平台中相对固定的平台配置信息进行标准封装,并采用易变平台配置信息应用签名的策略对 TSIML 进行属性封装。

4.4 基于虚拟可信平台的 TSIML 封装方法

虚拟可信平台上的所有虚拟机共享物理 TPM,可以利用 TPM 的封装存储功能来保护所有虚拟机上的数据安全。每一个虚拟机都分配一组独有的 vPCR 分别用来记录各度量项的度量结果,客户虚拟机 DomainU 与 TPM 相关的所有操作全部由其对应的 vTPM 完成,相关密钥以及平台配置信息存储在相对应的 vPCR 中,vPCR 位于 Domain0 的存储区域,Domain0 保护 vTPM 的安全,同时维护共存于 TPM 密钥槽中的密钥与 DomainU 的对应关系。

4.4.1 虚拟可信平台配置信息分类

为了区分不同平台配置信息的变化特性,并根据变化特性的差异采用不同的绑定方式来实现基于虚拟可信平台 TSIML 封装方法,本书把 vTPM 中相对应的 vPCR 划分为两部分虚拟底层环境配置信息和客户虚拟机配置信息。

① 虚拟底层环境配置信息:0~8 号这 9 组 vPCR 中存放虚拟平台 TCB 的配置信息属于 vPCR 状态信息中相对固定不变的状态。

② 客户虚拟机配置信息:9~23 号 vPCR 中的状态信息是容易因软件升级和系统补丁等频繁变化的状态。

③ 属性信息：代表客户虚拟机配置信息具体的 vPCR 度量值。

4.4.2　改进的基本思路

基于虚拟可信平台 TSIML 封装方法的基本思想是：先把 TSIML 与 vPCR 中的虚拟底层环境配置信息使用 TPM 标准数据封装方法进行封装，再在封装数据后附加客户虚拟机配置需要满足的属性信息，这样即使客户虚拟机配置信息发生改变，也不需要重新执行开销较大的标准封装操作，而只需要更新相应的属性验证信息。因此，数据封装包中只需要保存代表客户虚拟机配置的属性信息、虚拟底层环境配置封包以及该属性信息的签名。

在解封时，首先验证签名是否有效，然后对客户虚拟机配置信息进行验证，验证通过后才能提交标准封装的授权数据，让 TPM 完成标准解封，这样数据的一次封装可以对应多种安全的平台状态，避免了因平台安全状态变化引起的多次封装操作的时间和空间开销。

4.4.3　改进的主要操作

所用符号表示如下：

（PK，SK）：表示存储公/私密钥对；

（SP，SS）：表示签名公/私密钥对；

Sealpk（Data，usageAuth，Config）：表示使用 PK、授权数据 usageAuth 和底层基础环境配置哈希值 Config 对 Data 进行 TPM 标准封装；

Unsealsk（Data，usageAuth）：表示使用 SK 和授权数据 usageAuth 对 Data 进行解密；

Signss（Data）：表示使用 SS 对 Data 进行签名；

Verifysp（Signss（Data））：表示使用 SP 验证签名；

Hash(Data)：表示 Data 的哈希值。

4.4.3.1　封装操作

封装操作的步骤如下。

步骤1：准备封装所需信息，包括存储公/私密钥对(PK，SK)、签名公/私密钥对(SP，SS)、用户授权数据 usageAuth、底层基础环境配置 Config、属性信息 Attri。

步骤2：使用授权数据 usageAuth 和 Config 对 Data 执行标准封装操作得到 C = Sealpk(Data，usageAuth，Config)。

步骤3：计算标准封装后的哈希值 Hash(C)和属性信息 Attri 的哈希值 Hash(Attri)。

步骤4：对 Hash(C)与 Hash(Attri)进行签名 Signss[Hash(C)，Hash(Attri)]。

步骤5：将标准封装数据包 C 与相应的签名 Signss[Hash(C)，Hash(Attri)]一并存储。

下面给出相应的封装操作算法。

```
算法1. vTPM_Seal  ( d )
/*对数据 d 进行封装,得到封装数据 C,对 C 和属性 Attri 求哈希值,
并分别进行签名,最后将 C 及签名结果存储*/
{
    //Chose vPCRs which represent the platform configuren from
vPCR[0]~[8];
  1. Config = TPM_PCRRead(vPCRs(n));
    //Chose vPCRs which represent the platform configuren from
vPCR[9]~[23];
  2. Attri = TPM_PCRRead(vPCRs(m));
```

3. $C = Seal_{pk}(Data, usageAuth, Config)$;

4. $C\_hash = TPM\_SHA1(C)$;

5. $Attri\_hash = TPM\_SHA1(Attri)$;

6. $Data\_Sign = Sign_{ss}(C\_hash, Attri\_hash)$;

7. $Store(C, Data\_Sign)$;

8. Return;

}

4.4.3.2　解封操作

解封操作的步骤如下。

步骤 1：准备要解封的数据 C 与 $Signss[Hash(C_1), Hash(Attri_1)]$，以及存储密钥(PK，SK)。

步骤 2：取得平台当前 vPCR 中完整性度量值，重新聚集哈希生成 Config 值与 Hash(Attri)值。

步骤 3：将要解封的数据 C 进行哈希，得到 Hash(C)。

步骤 4：使用 SP 验证 $Signss(Hash(C_1), Hash(Attri_1))$ 无误后与步骤 2 中得到的 Hash(Attri)值及步骤 3 中得到的 Hash(C)进行对比。

步骤 5：对比结果一致后用户提交授权数据 usageAuth 对数据包 C 解封，返回 Data。

下面给出相应的解封操作算法。

算法 2. vTPM_Unseal　$(C, Data\_Sign)$
/ * 对输入数据进行解封,返回 Data。对 Data_Sign 验证,成功后比较 $Hash(Attri_1)$ 与 Hash(Attri)以及 $Hash(C_1)$ 与 Hash(C),相同后对 C 解封,返回 Data * /

{

　　//Chose vPCRs which represent the platform configuren from vPCR[0]~[8];

　1. Config = TPM_PCRRead(vPCRs(n));

　　//Chose vPCRs which represent the platform configuren from vPCR[9]~[23];

　2. Attri = TPM_PCRRead(vPCRs(m));

　3. Config_hash = TPM_SHA1(Config);

　4. Attri_hash = TPM_SHA1(Attri);

　5. C_hash = TPM_SHA1(C);

　6. IF(Verify$_{sp}$(Data_Sign) <> -1)

　7.　IF(((Attri_hash = TPM_SHA1(Attri$_1$)) && (C_hash == TPM_SHA1(C$_1$))))

　8.　　　Unseal$_{sk}$(C, usageAuth);

　9.　ELSE

　10. Return false;

　11.　ENDIF

　12. ELSE

　13.　Return false;

　14. ENDIF

　15. Return Data;

}

4.4.3.3 属性信息更新操作

　　假设平台正常更新，更新后数据封装包 C 需要满足的属性信息为 Attri$_1$，则对 C 更新策略 Attri$_1$ 的操作步骤如下。

步骤 1：提取数据封装包 C。

步骤 2：计算封包 C 的哈希值 Hash(C)以及新属性值 Hash(Attri₁)。

步骤 3：使用 SS 对 Hash（C）和 Hash（Attri₁）重新签名得到 Signss[Hash(C)，Hash(Attri₁)]。

步骤 4：重新存储 C 和相应的 Signss[Hash(C)，Hash(Attri₁)]。

下面给出相应的属性信息操作算法。

算法 3. vTPM_Update （ C)

/ *对数据进行更新,提取数据 C,对 C 和属性 Attri₁ 求哈希值,重新进行签名,重新存储 * /

{

　　//Chose vPCRs which represent the platform configuren from vPCR[9]~[23];

　1. $Attri_1 = TPM\_PCRRead(vPCRs(m))$;

　2. $C\_hash = TPM\_SHA1(C)$;

　3. $Attri\_hash = TPM\_SHA1(Attri_1)$;

　4. $Data\_Sign = Sign_{ss}(C\_hash, Attri\_hash)$;

　5. $Store(C, Data\_Sign)$;

　6. Return;

}

4.5　实验与安全性分析

　　虚拟可信平台 TSIML 封装存储是信任链扩展的重要环节，当虚拟可信环境从 TPM 可信根启动开始，信任链传递给 vTPM，客户虚拟机

DomainU 的可信启动完成，但是虚拟域中的软件度量也需要从可信根进一步传递，本章实验完成了客户虚拟机中软件的完整性度量及 TSIML 的封装存储。实验环境配置如表 4-1 所示。

表 4-1 　　　　　**XEN 虚拟环境 DomainU 环境配置表**

软件类型	软件名称	软件版本
操作系统	Ubuntu	10.04.4 desktop i386
操作系统内核	linux kernel	2.6.32.38

4.5.1　vTPM 与底层 TPM 绑定的验证

本节实验验证 vPCR 与 PCR 之间的映射关系，在客户虚拟机可信启动完毕后，读取 DomainU 中 pcrs 文件中的值，得到 vTPM 中 vPCR 值。虚拟域的 PCR 值共 24 位，其中前 9 位 PCR[0]~PCR[8]是从 Domain0 中的实际 TPM 映射过来的，第 9 位 PCR[8]是 VMM、Domain0 内核以及 vTPM 管理器的度量结果，从 DomainU 中读取的 vPCR 信息如图 4-6 所示。由于采用 TPM_emulator，前面的 PCR 值为 0。

图 4-6　虚拟客户系统中的 vPCR 值

4.5.2 系统可信完整性度量性能分析

(1)TSIML 主要是配合系统完整性度量模块完成软件可信加载的可信根依据。采用 TSIML 模式的主要目的如下。

① 将系统中要装载的程序可信属性信息进行哈希运算,统一将完整性信息存储到 TSIML 中,保证系统可信启动的完整性度量。这样避免了把所有度量信息存放于 PCR 中的空间不足问题。

② 支持应用的更新和升级等操作,当文件大小和内容发生变化时,TSIML 能够随着程序文件的变化而动态更新。同时,将完整性度量信息存放于 TSIML 中,也避免了传统方法在 vTPM 中存放时,度量对象顺序发生变化时,所带来的重新构建信任链的问题。

(2)空间占用情况分析。

TSIML 模型的每个度量列表项包含文件绝对路径、Hash 值等信息,共 300B,Hash 值的计算采用 TPM 的 SHA-1 引擎计算生成。不同列表项的 TSIML 文件的大小情况见表 4-1 第二列。

在完整性度量模块启动后,对于软件可信度量的运算发生频率较高,为了减少系统反复打开 TSIML 文件的资源消耗,节省查询时间开销,在系统可信启动后度量模块一次性将 TSIML 的度量 Hash 值条目装载入内存,其系统内存开销见表 4-2 第三列。

表 4-2 **TSIML 文件大小表**

TSIML 文件条目数量	度量文件大小(MB)	内存占用(KB)
1000	0.29	18
5000	1.43	90
10000	2.87	180

(3)时间开销分析。

可信度量模块在处理 TSIML 时的时间开销主要包括：① 加载程序文件时 vTPM 调用 TPM 进行 Hash 运算的时间 $T(h)$；② 检索 TSIML 内容时的时间开销 $T(r)$；③ 程序文件被调用的频率 f。所以处理 TSIML 的总时间 AT 可以表示为：

$$AT = (T(h)) + T(r)) \times f \times 100\%$$

各种大小执行程序文件的 Hash 值检索时间实测的列表如表 4-3 所示。

表 4-3   **TSIML 文件查询的最大时间**

TSIML 文件条目数量	最大查询 TSIML 文件时间(ms)
1000	0.019
5000	0.093
10000	0.187

当 TSIML 文件大小不同时，验证 Hash 值的最大时间消耗测试结果如表 4-4 所示，因为对于任何文件的 Hash 度量结果的长度是相同的，所以对 TSIML 的每条记录进行检索的时间开销基本相同，主要时间开销是进行 Hash 运算的部分。

表 4-4   **可执行文件哈希计算时间**

可执行文件大小(KB)	Hash 度量时间(ms)
100	3.6
500	18
1000	36

完整性度量模块产生的时间开销与 TSIML 的条目数量大小的直接关系较弱，主要是因为模块的时间开销集中在对可执行程序文件的 Hash 计算上，而与 TSIML 遍历查找的时间开销关系不大。因此实验的结果对于将来进行系统的开发有较大的指导意义。

4.5.3　vTPM 对 TSIML 封装的安全性分析

(1)vTPM 的安全性：TPM 保证 vTPM 的可信启动；可信完整性度量防止有恶意程序启动对 vTPM 篡改；敏感数据存放在 vTPM 中，防止数据的丢失和非法修改。

(2)密钥的安全性：加密密钥和签名密钥由 vTPM 产生，属于不可迁移密钥，根密钥存放于 TPM 中，保证了密钥的安全性。

(3)数据封装的安全性：敏感数据与基础层配置信息 PCR[0]~[8] 中的值封装，封装后的数据再与客户虚拟机配置信息 PCR[9]~[23] 中的哈希值签名，这样保证了 TPM 信息和 vTPM 信息都能在封装中体现，同时达到了 TCG 标准的高安全性要求。

(4)封装、解封和更新过程的安全性：数据的哈希、加密、解密、签名及验证签名的过程都由 vTPM 完成，用户的授权信息通过 vTPM 内部协议进行管理和验证，vTPM 的唯一性由 TPM 的可信根保证，从而保证了数据的安全性。

4.6　本章小结

本章主要研究了基于虚拟可信平台 TSIML 封装存储方法。首先介绍了 TPM 的核心功能数据安全保护以及 TPM 密钥的授权使用方法，其次详细说明了 TPM 标准数据封装过程，并且指出其存在的问题，在此基础上提出了按照平台配置信息的不同变化特性，封装分为虚拟底层环境配置信息和客户虚拟机状态属性封装，对相对固定不变的虚拟底层环境状态执行标准封装，结合频繁变化的客户虚拟机状态属性封装，从而降低了客户虚拟机状态因频繁变化而引起的多次封装操作的时间和空间开销。实验部分针对 TSIML 封装存储展开，首先分析了 TSIML 的主要目的，然后将 TSIML 的存储、检索和封装过程通过实验，进行时间和空间开销分析，得出系统开销主要与 vTPM 中哈希运算速度相关的结论，同时说明了系统的开销较低，最后对模块的安全性进行了总体分析。从理论和实验上证明虚拟环境软件可信完整性度量的可行性和可靠性。

第5章 基于虚拟可信平台的软件
行为动态可信评测

在上一章保证软件可信装载的前提下，对软件运行时的行为动态可信评测是实现软件可信性的下一个关键问题，这就需要通过软件在运行时对其行为轨迹进行度量，确保软件行为总是以预期的方式向预期的目标运行。要对软件行为进行动态可信评测，不仅需要监控软件运行时的实际行为，还要根据软件实际行为是否符合预期的可信策略进行动态分析评测。软件行为监控和动态分析是软件动态可信评测的前提和基础。

本章基于虚拟可信平台，在软件行为学基本理论的基础上，根据 TCG 动态度量的实际需求，提出了软件行为动态可信评测方法，将可信度量机制的粒度细化到软件行为的层面。实验结果表明该方法在有限的样本条件下对软件行为模式学习、识别和预测方面具有良好的性能。

5.1 软件行为可信定义

软件行为的可信性是依据软件行为的预期性进行检测的，软件行为的预期性以软件行为可信策略形式体现，可信策略的具体内容则主要取决于软件行为特征是否符合应遵守的规则，是否满足用户的可信需求。本书首先给出软件行为可信的定义。

定义1——软件行为可信：对于给定的软件，在实际运行过程中所产生的行为与软件的预期行为一致或符合预定的可信策略，则称该软件行为是可信的或称该软件满足行为可信需求。

屈延文教授在《软件行为学》一书中给出了软件行为的形式化定义，他提出软件行为是软件运行时的表现形态和状态演变的过程，可以定义为软件运行时的主体，依靠其自身的功能对客体的施用、操作或动作。

定义 2——软件行为：软件运行时作为主体 s 使用函数 f 对客体 obj 进行的操作。

Actions = { action = (s) APPLIES (f) TO (obj) | $s \in$ Subjects, $f \in$ Functions, Obj $\in$ Objects}

其中，Subjects 为主体集合，Functions 为函数集合，Objects 为客体集合。

根据此定义，任何软件的执行过程，都可以看作由该软件所实施的一系列软件行为构成。行为主体是软件运行时所执行的进程或线程，行为客体是计算机系统的软硬件资源。

软件行为描述主要包括三种方式：系统调用序列集合、调用关系图和系统调用短序列集合。使用系统调用序列集合描述软件行为，则软件行为必然包括数量庞大的系统调用序列，在遇到有循环分支且循环次数不定的情况下，很难提取出所有的系统调用序列。使用调用关系图描述软件行为，虽然存储空间会大大减少，但是实现起来复杂，难以表达，处理开销较大。使用系统调用短序列描述软件行为，方式直观，易于实现。Forrest 等人的研究工作也表明特权程序所产生的系统调用短序列能够刻画进程的特征，反映软件行为，是行为迹的具体表现形式。因此本书使用系统调用短序列来描述软件的行为轨迹。

定义 3——行为迹：软件的一次实际运行所产生的具有一定时序关系的行为序列。行为迹是我们所能检测到的软件行为，如果软件的每一个行为我们都能检测到，则行为迹等同于软件行为。

行为迹集合表示为 $T = \{S_1, S_2, \cdots, S_i \cdots, S_m\}$，其中 S_i 是软件运行时所产生的第 i 个行为迹，记为 $S_i = (x_1^i, x_2^i, \cdots, x_j^i, \cdots, x_n^i)$，其

中 x_j^i 表示在行为迹 S_i 中按时间先后顺序排列的第 j 个系统调用。

定义 4——行为度量信息基：对于已知正常或异常行为迹 S_1，S_2，…，S_m，使用长度为 K 的滑动窗口扫描生成行为度量信息基是一个二元组 $\langle x_i, y_i \rangle$。

其中，$x_i \subset S_i$，$|x_i| = K$，类变量 $y_i \in \{+1, -1\}$ 中 $y_i = +1$ 表示正常行为短序列，$y_i = -1$ 表示异常行为短序列。

5.2 软件行为分析

5.2.1 行为分析方法

软件行为分析是在软件运行时对目标软件的一次或多次运行进行分析，它是软件行为可信动态评测的基础，其一方面涉及对收集到的行为迹的整合，另一方面涉及对软件行为特征的提取。常用的软件行为分析方法主要包括模式匹配和统计分析。

(1)模式匹配。

模式匹配方法是一种通过将收集到的数据与已知的系统应用模式相比较以发现违反安全策略的行为方法。它可以利用字符串匹配也可以通过正规数学表达式来表征安全状态的变化，可以是对正常行为建模，也可以是对异常行为建模，使用模式匹配方法只需要建立相关模型所需的数据集，这样大大减小了系统开销。但是它必须不断地更新模式集，特别是对通过比较系统恶意行为模式的分析方法，必须不断地更新恶意行为模式集以对付不断出现的攻击新手段，而且无法检测到在恶意行为模式集里从未出现过的异常行为。

(2)统计分析。

统计分析方法是用目标对象的统计特性来刻画主体特征的方法。这些统计性特征轮廓主要包括目标对象的出现频率、均值、方差、偏差、统计概率分布以及拟合等。这些统计特征被用来与系统中当前的行为进行比较,有任何观察值在正常值范围之外,就被认为有入侵发生。其优点是可以检测到未知的攻击和更为复杂的入侵。鉴于此,本书针对软件行为的统计特性进行软件行为动态分析。

5.2.2 基于虚拟可信平台的软件行为分析机制

5.2.2.1 基于 SVM 软件行为动态分析

支持向量机(support vector machine,SVM)是 Vapnik 等人于 1995 年首先提出建立在统计学习理论和结构风险最小化原则基础上的机器学习新方法。支持向量机的目标是根据给定的训练样本,对样本数据输入输出之间的依赖关系做出估计,使它能够对未知样本的输出做出尽可能准确的预测。其最大特点是泛化能力强,分类速度快,采用了核,在小样本、非线性、局部极小点以及高维模式识别问题等方面表现出其他机器学习无法比拟的学习性能,因此该算法已成为机器学习领域的研究热点。

SVM 的基本原理是把输入样本数据通过非线性映射到高维特征空间 Ω,并在该空间进行线性分类,寻找最优分类超平面,使得区分的间隔最大,设高维特征空间超平面:

$$(w \cdot \phi(x)) + b = 0 \tag{5-1}$$

其中,$\phi: x \to \Omega$,($\cdot$)表示在高维特征空间 Ω 中的内积,b 为阈值。

因此就把低维输入空间 R^n 的非线性分类转化为在高维特征空间 Ω 的线性分类。

对于给定的训练集:

$$\{(x_1, y_1), (x_2, y_2), \cdots, (x_l, y_l)\} \in (X \times Y)^l \tag{5-2}$$

其中，$x_i \in X \in R^n$，$y_i \in Y \in R$，$i = 1, 2, \cdots, l$，在高维特征空间 Ω 中构建分类超平面，其最优化问题为：

$$\begin{cases} \min(\dfrac{1}{2} \parallel w \parallel^2 + C \sum_{i=1}^{l} \xi_i) \\ s.t. \Rightarrow y_i(w \cdot \phi(x_i) + b) - 1 + \xi_i \geqslant 0 \end{cases} \tag{5-3}$$

其中，ξ_i 为松弛变量，目的是"软化"约束条件，而 $C > 0$ 为惩罚参数，C 值越大表示对错分的惩罚越大。

为了解决该优化问题，引入拉格朗日（Lagrange）函数：

$$L(w, b, \xi, \alpha, \beta) = \frac{1}{2} \parallel w \parallel^2 + C \sum_{i=1}^{l} \xi_i -$$

$$\sum_{i=1}^{l} \alpha_i [y_i(w \cdot \phi(x_i) + b) - 1 + \xi_i] - \sum_{i=1}^{l} \beta_i \xi_i \tag{5-4}$$

分别对 w，ξ，b 求偏导，令其等于 0，代入式(5-4)，则优化问题转化为：

$$\begin{cases} \max_a = \sum_{i=1}^{l} a_i - \dfrac{1}{2} \sum_{j=1}^{l} a_i a_j y_i y_j K(x_i \cdot x_j) \\ s.t. \Rightarrow \sum_{i=1}^{l} y_i a_i = 0, \ i = 1, 2, \cdots, l; \ 0 \leqslant a_i \leqslant C \end{cases} \tag{5-5}$$

其中，$K(x_i, x_j) = (\phi(x_i) \cdot \phi(x_j))$ 是满足 Mercer 条件的核函数，使用核函数来代替高维空间的内积，避免了在高维特征空间中计算复杂的点运算。

与之相对应的决策函数是：

$$f(x) = \text{sgn}\Big[\sum_{i=1}^{l} a_i^* y_i K(x, x_i) + b^* \Big] \tag{5-6}$$

目前常用的核函数主要有以下 3 种形式。

① 多项式核函数：$K(x, x_i) = [(x^T x_i) + 1]^q$ (5-7)

② 径向基核函数：$K(x, x_i) = \exp\Big\{ -\dfrac{\parallel x - x_i \parallel^2}{\sigma^2} \Big\}$ (5-8)

③ 双曲正切核函数：$K(x, x_i) = \tanh(v(x^T x_i) + c)$ (5-9)

本书采用径向基(radial basis function，RBF)作为核函数，因为与多项式核函数相比，RBF 核函数仅有一个参数，具有更小的模型选择复杂度，同时随着多项式核函数多项式的次数增高，核函数的计算复杂度明显加快；与双曲正切核函数相比，双曲正切核函数在某些参数选择下会出现不合法的情况。因此，在一般情况下首选 RBF 核函数。

基于 SVM 软件行为动态分析算法如下。

(1)给定行为度量信息基：

$$T = \{(x_1, y_1), (x_2, y_2), \cdots, (x_l, y_l)\},$$

其中 $x_i \in R^K$，$y_i \in \{-1, +1\}$。

(2)选择 RBF 核函数以及适当的惩罚参数 $C > 0$。

(3)构造并求解：

$$\begin{cases} \max_a = \sum_{i=1}^{l} a_i - \frac{1}{2} \sum_{j=1}^{l} a_i a_j y_i y_j K(x_i \cdot x_j) \\ \text{s. t.} \Rightarrow \sum_{i=1}^{l} y_i a_i = 0, \ i = 1, 2, \cdots, l; \ 0 \leqslant a_i \leqslant C \end{cases}$$

解得 $a^* = (a_1^*, a_2^*, \cdots, a_l^*)^T$。

(4)选取位于开区间 $(0, C)$ 中的 a^* 的分量 a_j^*，并计算：

$$b^* = y_j - \sum_{i=1}^{l} y_i \alpha_i^* K(x_i \cdot x_j)。$$

(5)构造决策函数：

$$f(x) = \text{sgn}\left[\sum_{i=1}^{l} a_i^* y_i K(x, x_i) + b^* \right]。$$

(6)依据决策函数预测任意给定的未知样本输入 x 对应的输出 y。

5.2.2.2 基于 RBF 核的 SVM 最优参数选择

支持向量机的性能好坏很大程度上依赖于参数选择，支持向量机的参数选择问题实质上就是支持向量机的优化问题。通过调节选定核函数的参数与惩罚参数 C 来提高分类精度，同时降低错误率。目前，SVM

方法的核函数及其参数的选择缺乏相应的理论指导，大多数情况下只能是凭经验和试算，难以找到最优解。

（1）RBF 核参数 σ 的性质及 C 的意义。

对于 RBF 核函数中的参数 σ，当参数 $\sigma \rightarrow 0$ 时，全部样本点都是支持向量，即对任意给定的样本集 T，只要 σ 充分小，RBF 核函数 SVM 必定对其正确分类；当参数 $\sigma \rightarrow \infty$ 时，RBF 核函数 SVM 的判别函数是一常数，即把所有样本分为同一类。因此，参数 σ 过小时，会产生"过拟合"现象，但是当参数 σ 较大时，其分类能力较差从而降低了对未知数据的正确分类能力。

对于惩罚参数 C，它的作用是在样本误差与 SVM 的复杂度之间寻求一个折中，参数 C 的取值越小就表示对样本数据中误判的样本惩罚度越小，导致机器学习的复杂度小而经验风险值变大，会出现"欠学习"现象，参数 C 取值过大时，虽然可以降低对已有数据的错分率，但是对新数据的错分率同样很高，会出现所谓的"过学习"现象。每个样本数据集中至少存在一个合适的参数 C 使得 SVM 的推广识别率最好。因此如何进行参数的选取直接影响到 SVM 的分类好坏。

（2）参数选择方法。

SVM 的参数选择问题，国际上并没有公认的最好方法，目前，针对 RBF 核函数的 SVM 参数选择常用的方法主要有双线性搜索法、随机搜索法与网格搜索法等。交叉验证是应用较为广泛的一种方法，该算法易于实现。本书主要结合交叉验证法与网格搜索法进行 RBF 核支持向量机参数选择。

① K 交叉验证（k-Cross validation，K-CV）。

将训练集中的数据分成相等的 k 份，每次将其中一份数据用于测试而将其余 $k-1$ 份用于对分类器进行训练。这样重复 k 次，整个训练集中的每一份数据都被预测一次，根据正确分类数据比率的平均值来估计期望泛化误差，最后选择一组最优参数。

② 网格搜索（grid search）。

网格搜索算法的基本思想是将惩罚参数 C 和核参数 σ 分别取 M 个值与 N 个值，用 $M \times N$ 个不同的（C，σ）的组合分别进行训练，再估计其预测精度，从而在 $M \times N$ 中得到预测精度最高的一组（C，σ）作为最优参数。基于网格搜索算法将惩罚参数 $C \in [C_1, C_2]$，变化步长设为 C_s，而核参数 $\sigma \in [\sigma_1, \sigma_2]$，变化步长设为 σ_s。这样，针对每组参数进行训练，取效果最好的一组参数作为模型参数。网格法对网格上每一组（C，σ）的值计算其预测精度，最后将各组（C，σ）的值所对应的预测精度用等高线绘出，得到等高线图，据此确定最优参数组合（C，σ）。若分类精度不能达到其要求，可以在现有等高线图基础上选定某个搜索区域，同时减小搜索步长进一步细搜索。网格搜索算法的优点是每个支持向量机的训练都是独立的，可并行计算，节省时间开销，同时具有较高的预测精度。其 Matlab 平台伪代码如下：

```
算法 1. SVMTrain( c, g )
/*循环代入不同的 c 和 g 组合,其中 c 代表惩罚参数 C ,g 代表核参
数 σ ,svmtrain 函数把不同的 c 和 g 组合进行训练,寻找最高的 acc,同
时 c 值最小,输出最高的 acc 值 bestac,最小的 c 值 bestc,以及此时 c 所
对应的 bestg   */
{
basenum = 2;
for i = 1 : m
  for j = 1 : n
    cmd = ['-v ',num2str( v ),' -c',num2str( basenum^X(i,j) ),' -g',
num2str( basenum^Y(i,j) )];
    cg(i,j) = svmtrain(train_label, train, cmd);
    if cg(i,j) > bestacc
        bestacc = cg(i,j);
        bestc = basenum^X(i,j);
```

```
        bestg = basenum^Y(i,j);
    end
    if ( cg(i,j) == bestacc && bestc > basenum^X(i,j) )
        bestacc = cg(i,j);
        bestc = basenum^X(i,j);
        bestg = basenum^Y(i,j);
      end
    end
  }
end
}
```

5.2.3 软件行为可信策略

由定义 1 可知，软件行为可信表现为其行为符合预期，而行为预期是通过软件行为可信策略来表达的。由于软件的实际执行效果受到诸多方面的影响，如执行环境的改变、资源环境的变化等，并且目前准确获取软件预期行为和实际行为仍存在一定困难，用软件实际行为完全符合预期行为作为评判软件是否可信的唯一标准是不可行的，也就是说没有绝对的安全，也没有绝对的可信，在实际应用中，软件行为可信是指其对于系统资源的访问总是处于可信策略所制定的规则允许的某一范围之内。根据目标软件行为是否在可信策略规则允许的范围之内给出是否可信的结论。

行为规则的制定应综合考虑所选软件行为评测方法，软件行为属性特征，用户的可信需求所要求达到的安全级别等因素。本书采用基于统计学习理论的 SVM 算法，根据历史正常和异常行为样本构造决策函数自动形成预测软件的未知行为，预置定软件行为最小可信度 τ，若判决异常行为序列模式数目超过最小可信度 τ，则软件不可信，反之则判定为可信。最小可信度 τ 值的大小直接影响到评测结果，在实际操作中，应该根据具体问题对样本数据分析后选取。

5.3 软件行为监控

软件行为的可信性是指软件作为行为主体总是以预期的方式，向着预期的目标运行。因此对软件行为是否可信的判定主要依据软件预期行为定义的行为粒度来监控当前软件正在运行的行为。在软件运行的过程中，通过对其实际行为的监控，完整、准确、有效的提取软件行为特征作为是否可信的依据，从而实现软件行为动态可信的评测。软件行为监控是软件行为动态可信评测的重要保障。

5.3.1 基于虚拟执行的软件行为监控技术

虚拟执行环境基于系统资源虚拟化技术，通过资源重定向将目标程序执行过程中对系统软硬件资源的访问重定向到虚拟的软硬件资源上，这样，既观察了软件运行情况，又不会对真实的系统资源产生危害，因此越来越多的软件行为监控分析技术通过虚拟执行环境来实现。

5.3.1.1 沙箱技术

沙箱(sandbox)技术通过监控与系统调用接口相关的所有行为，在计算机系统中构造出一个相对独立的虚拟空间供程序运行。程序在这个虚拟空间内部运行时的所有行为都会被沙箱记录和监控，当程序运行完成后，沙箱通过执行虚拟机的"回滚"机制将程序运行的过程中所产生的影响消除，使系统重置到程序运行之前的状态。由于每个程序只能在自己受限的沙箱中运行，因此不会影响其他程序的运行，同时也不会对真实的计算机系统产生任何影响与危害。例如由 Sunbelt 公司开发的一款沙箱产品 CWSandbox，它在一个受监控的环境中自动分析软件行为，通过 API 钩子函数来捕获 Windows 操作系统中的 API 函数调用。实现沙箱技术有两个关键因素，分别是钩子技术与虚拟机技术。

（1）钩子技术

钩子（hook）技术是一种强大的进程监控技术，通常被用来改变进程的执行流向，从而达到篡改数据或监控数据访问的目的。通过安装钩子函数，监视进程中系统调用的发生，就可以实现对系统调用序列的监控。

钩子的种类很多，根据其使用范围不同可以分为线程钩子和系统钩子，线程钩子用于监视指定线程的事件消息，系统钩子则用于监视系统中所有线程的事件消息。根据所使用的层次不同，钩子又可分为用户级钩子和内核级钩子，用户级钩子用于监控目标程序在用户态下运行的用户级系统调用，而内核级钩子功能非常强大，它运行在内核态可以用于监控系统内核级的系统调用。一个用户级系统调用可以调用多个内核级系统调用。

钩子系统至少由两部分组成：一个是钩子服务器，另一个是钩子驱动器。钩子服务器主要负责在适当的时机向目标进程注入钩子驱动器，并且对其实施管理，钩子驱动器随后负责对目标进行实际的拦截，以便获得我们所需要的系统调用以实现软件行为监控。

（2）虚拟机技术。

沙箱在虚拟环境中执行程序，为程序的运行提供一个被监视和被控制的环境，在虚拟环境中目标程序对系统软硬件资源的访问被重定向到虚拟的软硬件资源上，因此即使运行了恶意程序也不会对系统真实的软硬件资源造成危害。

通过虚拟机技术，可以在一台物理计算机上模拟出一台或多台虚拟机，每一台虚拟机都如同真实的计算机一样进行工作，拥有自己的处理器、内存和文件系统，可以安装自己的操作系统、应用程序、访问网络资源等。

磁盘快照是虚拟机的一项非常便捷的功能，所谓磁盘快照就是在某一特定时间点对磁盘的状态和内容做一副本进行保存。通过磁盘快照功能可以将系统恢复到某一快照时的状态，使用磁盘快照可以更方便地进行软件行为分析，先配置好一个快照，目标程序运行完后，可以通过执行磁盘快照的功能将系统"回滚"到程序运行之前的状态，确保系统恢复到干净的初始状态。

沙箱是监控软件行为的理想环境，使用沙箱可以隔离真实操作系统，可以揭示关于软件行为的有用信息，在虚拟环境中允许执行并观察软件和实际行为，而且不会产生危害，因此沙箱技术非常适用于对软件行为动态监控与分析，近年来在杀毒软件中得到了广泛的应用。

5.3.1.2 密罐技术

密罐(honeypot)技术是一种主动的防御技术，用来吸引攻击者攻击的一个受控环境。密罐的基本原理是通过仿真和模拟系统漏洞或利用系统安全弱点，引诱攻击者发起攻击，同时对攻击者的各种攻击行为进行跟踪、捕获、监控，并进而从特征提取和行为分析中确定攻击的模式、发现新型攻击工具并研究攻击者的攻击动机。由于密罐不是用于对外的正常服务，任何对密罐的访问都是未授权的、非法的行为，这样就简化了检测过程，而且可以显著减少甚至是避免误报。

5.3.2 基于虚拟可信平台的软件行为监控机制

软件行为动态监控是对软件运行时进行监控，在监控的过程中，软件行为的捕获至关重要。在 linux 系统中，为了支持可扩展的 linux 内核访问控制机制，linux security module(LSM)提供了一系列与安全相关的钩子函数。通过植入与行为监控相关的 linux 内核的钩子函数，可以动态地拦截软件运行过程中所发起的系统调用，从而为实现软件在实际运行的过程中提取行为特征提供技术支持。

通过在客户虚拟机 OS 上构建沙箱系统，让软件运行在沙箱系统中，然后通过钩子函数，监控软件运行过程中所发生的系统调用序列，从而实现对软件行为特征提取和动态监控，为下一步的软件行为分析提供依据。虚拟可信平台的软件行为监控机制如图 5-1 所示。

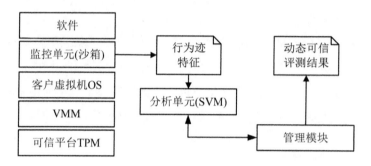

图 5-1　基于虚拟可信平台的软件行为监控机制

5.4　实验与分析

本实验数据集采用新墨西哥大学（UNM）在 SUN 操作系统上收集的 lpr 进程数据集。分别选取了一个典型的 lpr 正常进程和一个 lprcp 异常进程的系统调用序列，作为软件可信行为迹分析的数据来源。行为迹的选取采用长度 $K = 6$ 滑动窗口对数据进行预处理。

实验采用 Matlab 平台与 LIBSVM 开源软件相结合进行行为迹数据集的分析。由台湾大学林智仁教授主导开发的 LIBSVM 软件包，它能够快速有效地进行 SVM 回归和识别。该软件包有以下优点。

① LIBSVM 提供在 Windows 平台上的源代码，允许开发者在此基

础上进行进一步的优化和开发，并且能够在其他平台上进行编译和运行；

② 能够支持多种支持向量机算法，解决 C-SVM、v-SVM 的分类及 C-SVM 回归和 ε-SVM 回归等问题的解决；

③ 支持多分类；

④ 支持非平衡数据的加权 SVM；

⑤ 提供 C、C++和 JAVA 的源代码；

⑥ 提供多种交叉验证的模型选择；

⑦ 提供 Ruby、Weka、Matlab、LISP、C#等多种接口，供上层开发调用；

实验分为参数寻优和 SVM 训练验证两个部分，参数寻优采用 LIBSVM 与 Matlab 结合，在 Matlab 中进行运算，确定参数；SVM 训练及验证在 Windows 平台完成，对 LIBSVM 进行编译和优化后，将参数代入 SVM 模型，进行数据集的训练及验证。

5.4.1 网格参数寻优法

对于给定 n 个行为度量信息基：

$$(x_1, y_1), (x_2, y_2), \cdots, (x_n, y_n)$$

其中，$y_i \in \{+1, -1\}$，$x_i \in R^k$，$i = 1, 2, \cdots, n$。

应用支持向量机的方法就不得不面对参数优化的问题，也就是参数选择的问题。参数选择的方法有很多，比如：经验选择法，实验试凑法，遗传算法，粒子群优化等。本实验选择用网格搜索对支持向量机（SVM）进行参数寻优。

用支持向量机进行分类，采用的核函数是 RBF 核函数，需要确定的参数有惩罚因子 C 和核函数参数 σ。网格搜索法就是将 $C \in (C_{\min}, C_{\max})$，变化步长为 C_{step}，$\sigma \in (\sigma_{\min}, \sigma_{\max})$，变化步长为 σ_{step} 中的每

一对 (c, σ) 进行训练，选择其中训练效果最好的一组结果作为以后实验的参数。

① C_{min}，C_{max}：惩罚参数 C 的变化范围，即在 $[2^{C_{min}}, 2^{C_{max}}]$ 范围内寻找最佳的参数 C，默认值为 $C_{min} = -8$，$C_{max} = -8$，即默认惩罚参数 c 的范围是 $[2^{-8}, 2^8]$。

② σ_{min}，σ_{max}：RBF 核参数 σ 的变化范围，即在 $[2^{\sigma_{min}}, 2^{\sigma_{max}}]$ 范围内寻找最佳的 RBF 核参数 σ，默认值为 $\sigma_{min} = -8$，$\sigma_{max} = -8$，即默认 RBF 核参数 σ 的范围是 $[2^{-8}, 2^8]$。

③ accstep：最后参数选择结果图中准确率离散化显示的步进大小（$[0, 100]$ 范围内的一个数），默认为 4.5。

④ best$C$：最佳的参数 C。

⑤bestσ：最佳的参数 σ。

网格搜索的 Matlab 程序如图 5-2 所示，其实验结果如图 5-3 所示，实验结果的等高线图如图 5-4 所示，从图 5-3 可以看出，最佳的 C 和 σ 分别为 1.0718，0.2333。根据网格搜索法确定的最优参数 C 和 σ，用支持向量机方法进行训练识别，得到实验结果(见图 5-5)。

```matlab
function [bestacc, bestc, bestg] = SVMcgForClass(train_label, train, cmin, cmax, gmin, gmax, v, cstep, gstep, accstep)
%% about the parameters of SVMcg
if nargin < 10
    accstep = 1.5;
end
if nargin < 8
    accstep = 1.5;
    cstep = 1;
    gstep = 1;
end
if nargin < 7
    accstep = 1.5;
    v = 3;
    cstep = 1;
    gstep = 1;
end
if nargin < 6
    accstep = 1.5;
    v = 3;
    cstep = 1;
    gstep = 1;
    gmax = 5;
end
if nargin < 5
```

图 5-2 网格搜索的 Matlab 程序

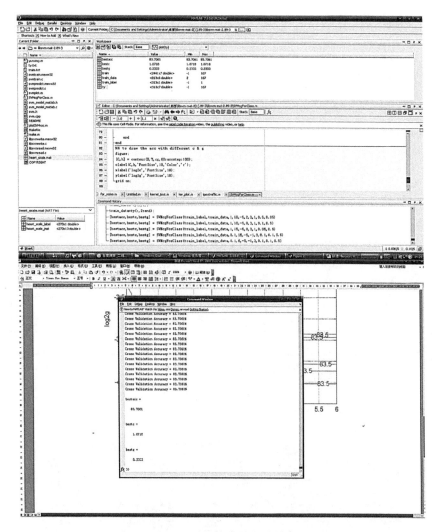

图 5-3　网格搜索的实验结果

5.4.2　有限软件行为样本下 SVM 检测性能

在软件行为分析的过程中，正常行为序列和异常行为序列出现的数目是随机的，支持向量机 SVM 方法在有限样本或先验知识较少的条件下，具有良好的检测性能，为了验证在样本不足的情况下对软件行为度量的效果是否明显，进行如下实验。

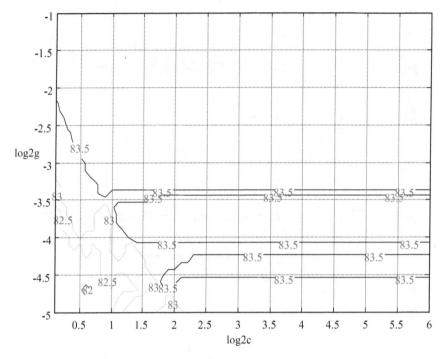

图 5-4 网格搜索的实验结果等高线图

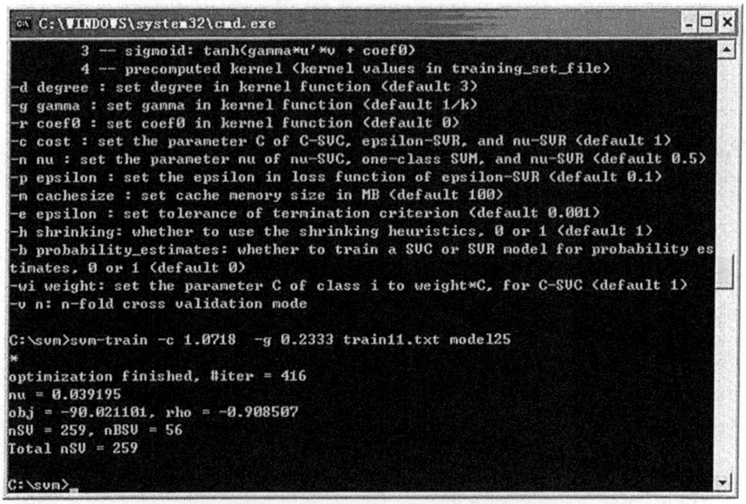

图 5-5 参数确定后的 SVM 训练结果

　　分别选取100%的数据、80%的数据、50%的数据在同一测试集中，用SVM方法训练识别，得出检测率，并比较结果，如图5-6、图5-7所示。

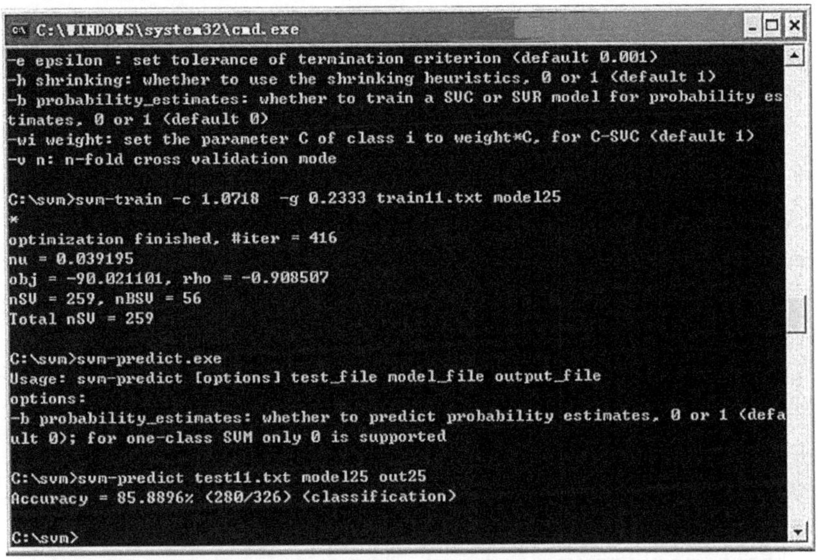

图5-6　参数确定后的SVM测试结果

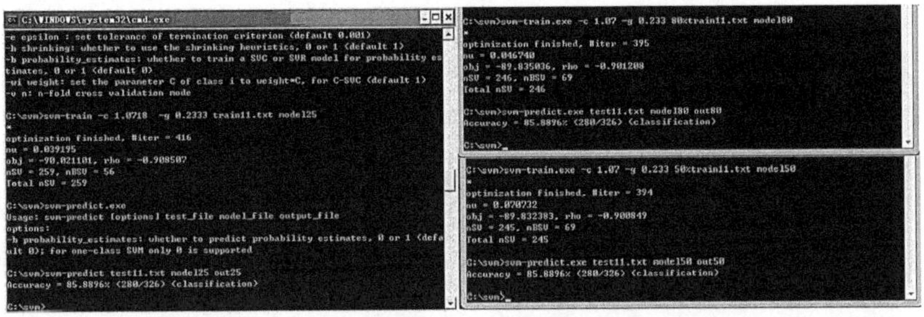

图5-7　利用网格搜索参数寻优后识别的结果

　　不同数据集的实验结果如表5-1所示，其数据识别结果柱状图如图5-8所示。

表 5-1   **100%、80%、50%的数据识别结果**

MIT lpr	正常行为短序列数目	异常行为短序列数目	检测率(%)
100%的数据	2000	400	85.89
80%的数据	1600	320	85.67
50%的数据	1000	200	84.97

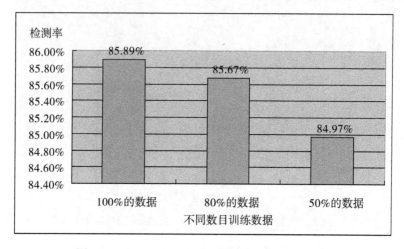

图 5-8   100%、80%、50%的数据识别结果柱状图

5.4.3　实验结果分析

　　实验针对特定新墨西哥大学系统调用数据集进行软件行为可信度量，采用支持向量机 SVM 方法训练和检测，经过分析得出以下实验结论。

　　① 针对虚拟可信软件行为评测，引入支持向量机 SVM 方法能够较好的对软件行为进行预测，同时具有良好的可行性。

　　② 使用网格搜索参数寻优方法对于 SVM 核函数的惩罚参数 C 和核函数参数 σ 进行寻优，经过 Matlab 实验分析，选取了最优的参数，对

后续的实验提供了依据。

③ 从表 5-1 和图 5-8 的实验结果可以看出，在不同数目的先验知识条件下或者在样本数据不全的情况下也能得到很好的预测结果。选取数据集的多少对于检测率没有较大影响，验证了选取支持向量机方法在软件行为可信度量中的优越性和有效性。

5.5　本章小结

本章主要介绍了对软件运行时的行为动态可信度量的方法。首先给出基于软件行为动态可信度量形式化的相关定义和描述，为软件行为动态可信评测奠定理论基础，然后深入探讨了软件行为动态可信评测所依赖的软件行为分析机制与监控机制。在软件行为分析的过程中，采用基于统计学习理论的 SVM 方法根据软件的历史行为预测软件的未知行为以及可信策略所制定的规则来判定软件行为是否可信。软件行为监控机制由基于虚拟技术和沙箱技术实现。实验通过网格搜索参数寻优算法对 SVM 进行了优化，并且对数量不同的样本集分别进行实验，实验结果表明该方法在有限样本的条件下也能得出较满意的预测精度。

第 6 章　基于 Fuzzy-SVM 的软件行为分类

上一章对基于虚拟可信平台的软件行为动态可信评测进行了研究，详细讨论了如何对软件运行时的实际行为进行监控和分析，在对软件行为进行分析时，我们采用 SVM 方法对提取的实际行为特征进行预测，为进一步提高其学习性能和预测精度，根据 Fuzzy-SVM 的特点，给出一种新的构造模糊隶属函数方法。与传统 SVM 相比，采用该模糊隶属度的 Fuzzy-SVM 预测更清晰和识别能力更强。

本章将 Fuzzy-SVM 方法应用于提高对软件行为预测精度中，并且在深入研究了模糊理论和 FSVM 基本理论的基础上，设计了一种新的模糊隶属函数，实验表明该方法能够明显提高软件行为的识别率。

6.1　模糊理论

模糊理论是为解决真实世界中普遍存在的模糊现象而发展的一门学科。1965 年美国计算机与自动控制论专家 Zadeh 发表了关于模糊集的开创性文章 *Fuzzy Set*，首次提出了"模糊集合"的概念，其作为描述客观世界模糊性的基本数学模型，奠定了模糊理论的基础。同时他使用定量表达事物模糊性的隶属度来阐释事物差异之间存在的中介过渡，即运用精确的数学语言对客观事物差异的模糊性进行定量分析。所谓模糊性是指存在于客观世界中的不分明现象，从差异的一方到另一方中间经历了一个从量变到质变的连续过渡过程。这是由于排中律的破缺而造成的不确定性。模糊原理将数学的应用范围从清晰现象扩大到模糊现象的领域，把绝对的"是"与"非"转化为在适当范围内相对划分的"是"与"非"。因此，本章基于模糊的基本理论，在后面软件行为的分类算法中并不进行绝对的"是"与"非"的判决，而是引入模糊性的分析。

6.1.1　模糊集的概念与运算

设 U 为某些对象所组成的论域，给定该论域上的一个模糊集 A ，定义一个隶属函数：

$$\mu_A(x): U \to [0, 1], \ x \in U \tag{6-1}$$

使得 U 中的任一个元素 x 对应着区间 $[0, 1]$ 中的实数。

其中，$A = \sum \mu_A(x)/x$ ，$\mu_A(x)$ 是论域 U 中元素 x 对模糊集 A 的隶属度。由定义可以看出，模糊集 A 完全由其隶属度所刻画，$\mu_A(x)$ 越大，表示 x 隶属于模糊集 A 的程度越高。同时，给定论域 U 上的模糊集的全体 $F(U) = \{A \mid A: U \to [0, 1]\}$ ，$C(U)$ 是定义在论域 U 上特征函数的全体，显然，$C(U) \subseteq F(U)$ 。

设模糊集 A ，$B \in F(U)$ ，运算 $A \cup B$, $A \cap B$, A^c 分别为 A 与 B 的并集、交集与补集，则它们的隶属函数分别如下：

并集：$$\mu_{A \cup B}(x) = \max(\mu_A(x), \ \mu_B(x)) \tag{6-2}$$

交集：$$\mu_{A \cap B}(x) = \min(\mu_A(x), \ \mu_B(x)) \tag{6-3}$$

补集：$$\mu_{A^c}(x) = 1 - \mu_A \tag{6-4}$$

两个模糊集上的并、交运算可以扩展到任意多个模糊集上去。设模糊集 $A^t \in F(U)$ ，$t \in T$ ，T 为指标集。则并与交运算分别为：

交运算：$$\mu_{\underset{t \in T}{\cap} A^t}(x) = \inf\{\mu_{A^t}(x) \mid t \in T\} \tag{6-5}$$

并运算：$$\mu_{\underset{t \in T}{\cup} A^t}(x) = \sup\{\mu_{A^t}(x) \mid t \in T\} \tag{6-6}$$

其中 inf 为下确界，sup 为上确界。

设模糊集 $A \in F(U)$，对 A 的隶属度取一定阈值(或置信水平)，那么 A 的截集定义为：

$$(A)_\lambda = \{x \mid x \in U, \mu_A(x) \geqslant \lambda\}, \lambda \in [0, 1] \qquad (6\text{-}7)$$

6.1.2　隶属函数的确定方法

隶属程度的思想是模糊理论的基本思想，采用模糊技术进行个体元素对两个或多个标准模糊集辨别时，若标准模型为模糊元素，而待识别的对象是明确元素，则使用隶属函数将其进行分类。因此隶属函数的设计就成为整个模糊算法的关键。由于选择不同的隶属函数直接影响算法的复杂程度和处理结果，这就要求所设计的隶属函数必须能够客观、准确地体现系统中样本存在的模糊性和不确定性。目前，对隶属函数的构造有多种方法，但是没有可遵循的一般性准则。在对实际问题进行处理时，通常需要根据实践经验针对某个具体问题确定合理的隶属函数。在现实应用中主要有以下几种隶属函数的确定方法。

(1) 模糊统计的方法。

模糊统计方法确定隶属度函数的基本思想是通过重复模糊统计实验，计算出元素 x 对模糊集 A 的隶属频率，当统计总数 n 足够大时，这个隶属频率会趋于一个稳定值。频率趋于稳定所在的那个数值就是 x 对模糊集 A 的隶属度。

设 x 是论域 U 上的一个确定元素，可变动的清晰集合 $A_\alpha \in U$，A_α 对应一个模糊集 $A \in U$，其相应的模糊概念水平为 α，作 n 次实验，其模糊统计按下式进行计算：

$$\mu_A(x) = f(n) = \frac{"x \in A_\alpha \text{ 的次数}"}{n} \qquad (6\text{-}8)$$

(2) 指派方法。

指派方法就是根据具体问题的特性，应用适当的某些形式的模糊分布，然后在实际应用中通过测量数据确定分布中所含的参数。通常应用以下 3 种模糊分布，如图 6-1 所示。

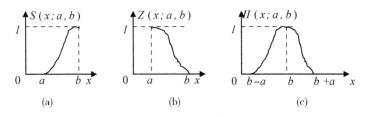

图 6-1　3 种常用的隶属函数

①S 函数(偏大型隶属函数)，如图 6-1(a)所示，通常描述偏向大方面的模糊现象。其表达式为：

$$S(x;\ a,\ b) = \begin{cases} 0, & x \leqslant a \\ 2\left(\dfrac{x-a}{b-a}\right)^2, & a < x \leqslant \dfrac{a+b}{2} \\ 1 - 2\left(\dfrac{x-a}{b-a}\right)^2, & \dfrac{a+b}{2} < x \leqslant b \\ 1, & b < x \end{cases} \tag{6-9}$$

其中，a，b 为集合的待定系数。

②Z 型函数(偏小型隶属函数)，如图 6-1(b)所示，通常描述偏小方面的模糊现象，其表达式为：

$$Z(x;\ a,\ b) = 1 - S(x;\ a,\ b) \tag{6-10}$$

③$\prod$ 函数(中间型隶属函数)，如图 6-1(c)所示，通常表达中间的模糊现象，其表达式为：

$$\prod(x;\ a,\ b) = \begin{cases} S(x;\ b-a,\ b), & x \leqslant b \\ Z(x;\ b,\ b+a), & x > b \end{cases} \tag{6-11}$$

(3)二元对比排序法。

对于某些模糊集，通过直接给出其隶属度很难，但是用两两比较的方式，可以确定两个元素相应的隶属度。先排序再用数学方法求出隶属度的方法称为二元对比排序法。

6.1.3 模糊模式识别

设论域 $U = \{x_1, x_2, \cdots, x_n\}$ 为待识别对象的全体所构成的集合，U 中每一待识别对象 x_i 有 m 个特性指标 $x_{i1}, x_{i2}, \cdots, x_{im}$，可以表示 x_i 的某一特性，那么由这些特性指标所确定的 x_i 记为：

$$x_i = (x_{i1}, x_{i2}, \cdots, x_{im}), \quad i = 1, 2, \cdots, n \qquad (6-12)$$

式(6-12)称为特征向量。

设待识别对象的全体所构成的集合 U 可分成 p 个类别，且每一类别都为 U 上的一个模糊集，记为 $A_1, A_2, \cdots, A_p$，称为模糊模式。

模糊模式识别的基本原理是给定对象 $x_i = (x_{i1}, x_{i2}, \cdots, x_{im})$，将它归类到一个与其相似的模糊集 A_i 中。根据模糊模式识别算法就会产生与 $A_1, A_2, \cdots, A_p$ 相应的隶属度 $\mu_{A_1}(x), \mu_{A_2}(x), \cdots, \mu_{A_p}(x)$，来分别刻画待识别对象 x 隶属于模糊模式 $A_1, A_2, \cdots, A_p$ 的程度。

在构造模糊隶属函数之后，就可以依据相应的隶属度原则对待识别对象 x 进行判断，指出其应该归属于哪一模糊模式。以上就是模糊识别的基本原理。

6.1.3.1 模糊模式识别步骤

在实际应用中，模糊识别算法一般分为以下 3 个步骤。

(1)抽选识别对象 x 的特性指标。在影响识别对象 x 的各因素中，所抽选的各种特性指标应与模式识别问题有显著关系，并计算出识别对象 x 的各特性指标的具体数据值，然后求出识别对象 x 的特性指标向量 $x = (x_1, x_2, \cdots, x_n)$。

(2)构造模糊模式的隶属函数。构造符合实际的隶属函数是模糊识别工作的关键和难点。这就要求我们从实际问题出发，深刻理解、研究对象 x 的具体特性，并明确产生模糊性的客观规律和现实意义，了解建立隶属函数的目的，寻求可以客观反映研究对象 x 特性的隶属函数。目前，确定隶属函数有一些方法(如模糊统计方法、概率统计方法等)，但最终要以符合客观实际为标准。

(3)利用隶属度原则进行识别判断。按照相应的隶属度原则对对象 x 进行识别判断，指出其应归属于哪一类模式。

6.1.3.2 隶属原则

(1)最大隶属原则 I 。

设给定论域 $U = \{x_1, x_2, \cdots, x_n\}$ 上有 p 个模糊子集(或模糊模式) $A_1, A_2, \cdots, A_p$，若 $x_0 \in U$，有 $\mu_{A_i}(x_0) = \max[\mu_{A_1}(x_0), \mu_{A_2}(x_0), \cdots, \mu_{A_n}(x_0)]$，则认为 x_0 相对隶属于 A_i。

(2)最大隶属原则 II 。

设给定论域 $U = \{x_1, x_2, \cdots, x_n\}$ 上有一个模糊模式 A，x_1，$x_2, \cdots, x_n$ 是 n 个待识别对象，若某个 x_i 满足 $\mu_A(x_i) = \max[\mu_A(x_1), \mu_A(x_2), \cdots, \mu_A(x_n)]$，则应优先录取 x_i，即 x_i 应优先隶属于模糊模式 A

(3)域值原则。

设给定论域 $U = \{x_1, x_2, \cdots, x_n\}$ 上有 p 个模糊子集 $A_1, A_2, \cdots, A_p$ (或 p 个模糊模式)，规定一个域值(或置信水平) $\lambda \in [0, 1]$，$x_0 \in U$ 是待识别对象。

① 如果

$$\max(\mu_{A_1}(x_0), \mu_{A_2}(x_0), \cdots, \mu_{A_p}(x_0)) < \lambda \qquad (6-13)$$

则作为"不能识别"的判决，这时应当查找原因，并进行分析。

② 如果

$$\mu_{A_{ij}}(x_0) \geqslant \lambda, \quad j = 1, 2, \cdots, k \qquad (6-14)$$

则判决 x_0 相对地隶属于 $A_{i1} \cap A_{i2} \cap \cdots \cap A_{ik}$。

该方法也可用于 x_0 与某一个模糊子集 A 进行模式识别。如果 $\mu_A(x_0) \geqslant \lambda$，则判决 x_0 相对隶属于 A，如果 $\mu_A(x_0) < \lambda$，则判决 x_0 相

对不隶属于 A 。

6.2 Fuzzy-SVM

6.2.1 Fuzzy-SVM 技术

虽然 SVM 有较强的学习能力, 拥有传统机器学习无法比拟的性能, 一直以来都是机器学习的研究热点, 并且广泛地应用于各种科研领域。但目前 SVM 仍存在着一定的局限性, 例如传统的 SVM 构造最优分类超平面是依赖于靠近分类超平面的少数几个支持向量, 但是在处理实际问题的时候, 样本中通常包含位于"临界面"附近的噪声或野点, 那么依靠这几个支持向量所构造出的分类超平面很有可能不是最优超平面, 常常会发生错分的结果。因此针对这种情况, 本书将模糊理论引入到 SVM 技术, 这种利用模糊隶属函数将 SVM 的概念扩展的技术称为模糊支持向量分类机 Fuzzy-SVM(或 FSVM)。

传统 SVM 技术在构建最优分类超平面时样本具有相同的作用, 与之相比 Fuzzy-SVM 技术为每一个样本点增加了模糊隶属度元素, 这样可以根据不同的输入样本对分类贡献的大小, 赋以不同的模糊隶属度。其输入样本集 (x_i, y_i) 相应地变为 (x_i, y_i, μ_i), $i = 1, 2, \cdots, n$, $x \in R^n$, $y \in \{+1, -1\}$, $0 \le \mu_i \le 1$, 其中 μ_i 是 x_i 的模糊隶属度, 则相对应的模糊最优分类函数为:

$$f(x) = \mathrm{sign}(\sum_{i=1}^{l} \alpha_i y_i K(x_i, x) + b) \tag{6-15}$$

$$K(x_i, x) = \exp(-\frac{\|x - z\|^2}{2\sigma^2}) \tag{6-16}$$

其中, $0 \le \alpha_i \le \mu_i C$, $i = 1, 2, \cdots, l$。

由上式可以看出，Fuzzy-SVM 技术与传统 SVM 技术相比最大的不同是存在 μ_i，其最优分类超平面的分类函数 α_i 的取值范围也由 $[0, C]$ 变为 $[0, \mu(x_i)C]$，即对 α_i 的取值范围模糊化，其优势在于最大限度地削弱了野点对分类造成的负面影响，进而使得分类超平面最优。

6.2.2 基于 Fuzzy-SVM 的模糊优化分类超平面

设引入模糊隶属度的 n 个训练样本集：

$$(x_1, y_1, \mu_1), (x_2, y_2, \mu_2), \cdots, (x_n, y_n, \mu_n) \qquad (6\text{-}17)$$

其中，$y_i \in \{+1, -1\}$，$\sigma < \mu_i < 1$，$i = 1, 2, \cdots, n$，$x \in R^k$，$\sigma > 0$。

根据模糊隶属度的定义，模糊隶属度 μ_i 是样本点 (x_i, y_i, μ_i) 隶属于某一类别的程度，而参数 ξ_i 是表示错分程度的变量，因此，它们的乘积就成为衡量样本点重要性不同的变量。与传统 SVM 相似，Fuzzy-SVM 的主要目的是建立一个分类超平面来分割两类不同的样本，使得分类间隔最大化。因此优化问题可以变为下面的二次规范化问题：

$$\begin{cases} \min\left(\dfrac{1}{2} \parallel w \parallel^2 + C \displaystyle\sum_{i=1}^{n} \mu_i \xi_i\right) \\ \text{s. t. } y_i(w \cdot \phi(x_i) + b) - 1 + \xi_i \geqslant 0 \end{cases} \qquad (6\text{-}18)$$

为求解该优化问题，构造拉格朗日（Lagrange）函数为：

$$L(w, b, \xi, \alpha, \beta) = \frac{1}{2} \parallel w \parallel^2 + C \sum_{i=1}^{n} \mu_i \xi_i -$$

$$\sum_{i=1}^{n} \alpha_i [y_i(w \cdot \phi(x_i) + b) - 1 + \xi_i] - \sum_{i=1}^{n} \beta_i \xi_i$$

$$(6\text{-}19)$$

分别对 Lagrange 函数关于 w，ξ_i，b 求偏导，并令其等于 0，代入式 (6-19)。

则优化问题就转化为：

$$\begin{cases} \max \sum_{i=1}^{n} a_i - \dfrac{1}{2} \sum_{i=1}^{n} \sum_{j=1}^{n} a_i a_j y_i y_j K(x_i \cdot x_j) \\ \text{s. t.} \sum_{i=1}^{n} y_i a_i = 0, \ i = 1, \ 2, \ \cdots, \ n \\ 0 \leqslant a_i \leqslant \mu_i C \end{cases} \quad (6\text{-}20)$$

由此得到相对应的决策函数为:

$$f(x) = \text{sgn}\Big[\sum_{i=1}^{n} a_i^* y_i K(x, \ x_i) + b^* \Big]; \ 0 \leqslant a_i^* \leqslant \mu_i C \quad (6\text{-}21)$$

在使用 Fuzzy-SVM 技术处理时,核心问题在于模糊隶属度的设计,它的确定将成为决定这种模糊分类算法性能好坏的关键,因此它必须能够客观精确反映系统中样本存在的模糊性和不确定性,对于每一个样本点 x_i 引入相应的模糊隶属度 μ_i ($0 < \mu_i < 1$),以区别不同的样本点对分类结果的影响,模糊隶属度 μ_i 可以看做 x_i 隶属于某一类别的程度,而 $1 - \mu_i$ 表示 x_i 无意义的程度。

6.3　构造新的隶属函数

从上面的分析中可知,在采用 Fuzzy-SVM 算法解决实际问题时,隶属函数的构造是整个问题的关键。目前,构造隶属函数的方法有很多,但并没有一个可遵循的一般性准则。不少学者在这方面进行了研究,但主要是用样本点到类中心之间的距离 DFSVM 来定义其隶属函数。

在训练样本集(6-17)中,分别定义 $\hat{x}_p$ 、$\hat{x}_n$ 为代表类 G_p 与 G_n 的中心向量:

$$\begin{cases} \hat{x}_p = \dfrac{1}{n_p} \sum_{i=1}^{n_p} x_i, \ x_i \in G_p \\ \hat{x}_n = \dfrac{1}{n_n} \sum_{i=1}^{n_n} x_i, \ x_i \in G_n \end{cases} \quad (6\text{-}22)$$

其中，n_p 是类 G_p 样本的个数，n_n 是类 G_n 样本的个数。

设样本点到各自类中心的最大距离分别为：

$$d_p(x_i) = \max_i \| x_i - \hat{x}_p \| , \ x_i \in G_p \tag{6-23}$$

$$d_n(x_i) = \max_i \| x_i - \hat{x}_n \| , \ x_i \in G_n \tag{6-24}$$

DFSVM 隶属函数为：

$$\mu(x_i) = \begin{cases} 1 - \dfrac{\| x_i - x_p \|}{d_p(x_i)} + \varepsilon , & x_i \in G_p \\[2ex] 1 - \dfrac{\| x_i - x_n \|}{d_n(x_i)} + \varepsilon , & x_i \in G_n \end{cases} \tag{6-25}$$

其中 $\| \cdot \|$ 表示欧氏距离，ε 是一个任意小的正数，这样 $\mu(x_i) \in [\varepsilon, 1]$。

虽然与传统的 SVM 相比 DFSVM 分类的效果有所改善，但是这种方法所确定的隶属度的大小只考虑样本点到类中心的距离，而由式(6-21)可知构造 SVM 的最优分类面是由靠近类边缘的支持向量所决定的，即 SVM 对噪声敏感。而噪声往往也在这一区域内，按照式(6-25)的定义求得的 DFSVM 隶属度并不能有效区分支持向量与噪声样本点。如图6-2所示，样本点 D_1，D_2 到类中心的距离相等，根据式(6-25)的定义，这两点的隶属度相同，但是从图 6-2 中可以看出样本点 D_1 可能是支持向量，而样本点 D_2 则更有可能为噪声，而两个样本点都被赋予了相同的隶属度，因此仅用样本点到类中心之间的距离来定义隶属函数仍存在不足之处。

本书受 KNN(K-Nearest Neighbor) 算法的启发，对隶属函数做了改进，提出了 KDFSVM 算法。引入表征样本之间的紧密程度 ρ 和 k 最近邻点中属于同类的比率 p，这样确定的模糊隶属度既考虑了样本点到类中心的距离，又降低了噪声对分类的影响，从而提高分类效果。紧密度函数 ρ 定义如下。

在训练样本集(6-17)中，对于样本点 x_i，分别计算它和各个样本之间的距离为：

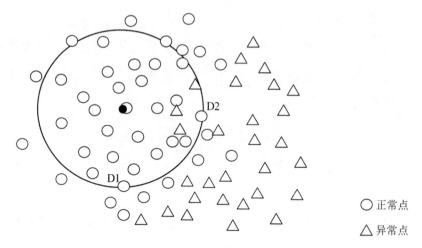

○ 正常点

△ 异常点

图 6-2 异常样本点与正常样本点

$$d(x_i, x_j) = \| x_j - x_i \|, \ j = 1, \ 2, \ 3\cdots, \ n, \ i \ne j \qquad (6-26)$$

选择距离 x_i 最近的 k 个样本点(即 k 个最近邻样本),设 k 个样本点到 x_i 的平均距离为:

$$b_i = \frac{1}{k} \sum_{j=1}^{k} d(x_i, \ x_j) \qquad (6-27)$$

定义紧密度函数 $\rho(x_i)$ 为:

$$\rho(x_i) = 1 - \frac{b_i}{B} \qquad (6-28)$$

其中 $B = \max(b_1, \ b_2, \ \cdots, \ b_n)$ 。

设 $k_p(x_i)$ 、$k_n(x_i)$ 分别是样本点 x_i 的 k 个最近邻样本中属于类 G_p 和类 G_n 的样本数目,则 $k_p(x_i) + k_n(x_i) = k$, k 最近邻点中与 x_i 属于同类的比率 p 为:

$$p(x_i) = \begin{cases} \dfrac{k_p(x_i)}{k}, \ x_i \in G_p \\[2mm] \dfrac{k_n(x_i)}{k}, \ x_i \in G_n \end{cases} \qquad (6-29)$$

给出新的模糊隶属函数为：

$$\mu'(x_i) = \mu(x_i)\rho(x_i)p(x_i) \tag{6-30}$$

从图 6-2 中可以看出新的模糊隶属度可以有效地区分支持向量和噪声点。

6.4 实验与分析

6.4.1 实验

对于给定模糊隶属度的 n 个训练样本集：

$$(x_1, y_1, \mu_1), (x_2, y_2, \mu_2), \cdots, (x_n, y_n, \mu_n) \tag{6-31}$$

其中，$y_i \in \{+1, -1\}$，$\sigma < \mu_i < 1$，$i = 1, 2, \cdots, n$，$x \in R^K$，$\sigma > 0$。

使用 FSVM 和 KDSVM（k 值不同）处理训练样本，再对同一测试集进行测试。

步骤 1：对数据进行预处理，将新墨西哥大学系统调用数据集进行数据预处理。由于基于隶属度分析的数据预处理较为复杂，本实验采用 EXCEL 中 VBA 宏进行数据处理。

① 利用欧氏距离算法，计算各类数据的中心点；

② 分别计算每个样本点与类中心点的距离，并将计算得到的距离与最大距离比较并计算每个样本点的权重；

③ 按照权重进行数据的加权处理，得到 DFSVM 数据；

④ KDFSVM 算法，要进一步对各个样本点分别计算 k 等于 2，3，5 时的同类近邻数，并将 k 近邻中同类数与 k 的比值和紧密程度 ρ 作为权重，进行加权处理进一步得到 KDFSVM 数据。

步骤 2：将预处理完成的数据分为 80% 训练数据和 20% 测试数据，代入 LIBSVM 进行训练和测试，如图 6-3 至图 6-6 所示。

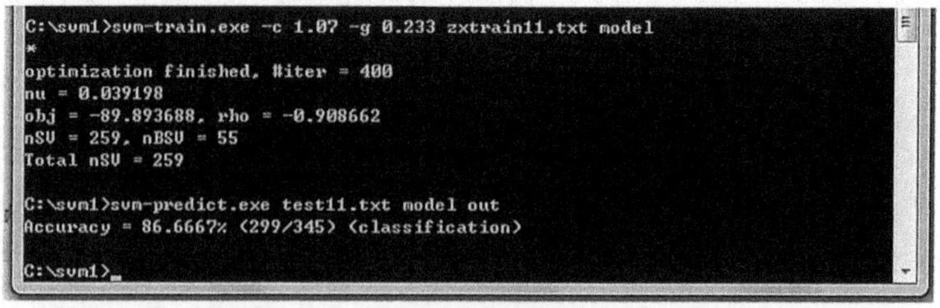

图 6-3   DFSVM 的检测率

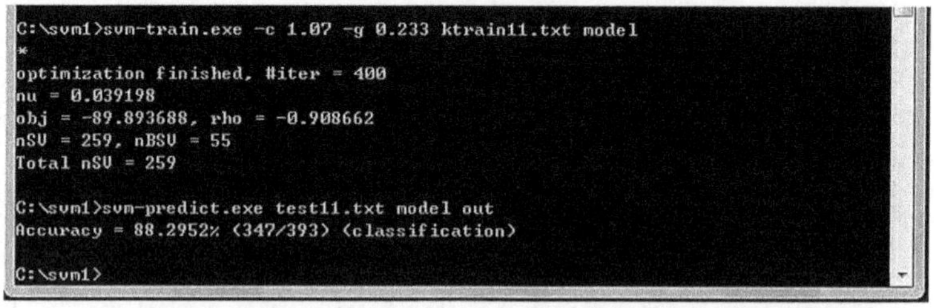

图 6-4   KDFSVM ($k = 2$) 的检测率

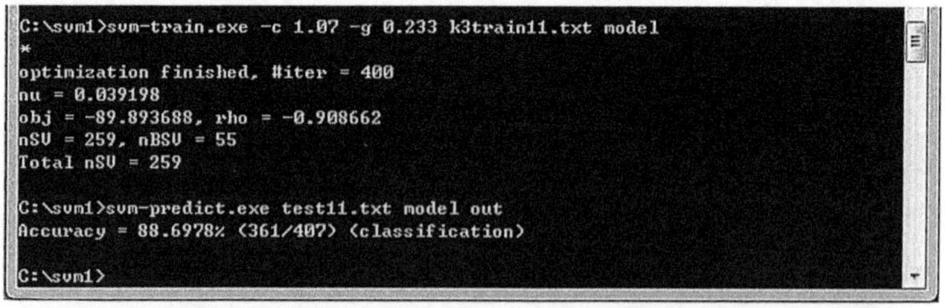

图 6-5   KDFSVM ($k = 3$) 的检测率

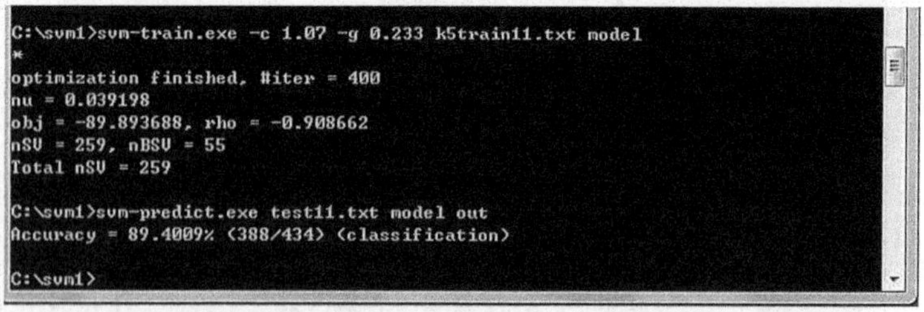

图 6-6   KDFSVM ($k = 5$) 的检测率

实验结果如表 6-1 和表 6-2 所示。

表 6-1 　　　　　SVM，DFSVM，KDFSVM 的预测结果

	检测率(%)	误报率(%)
SVM	85. 89	14. 11
DFSVM	86. 67	13. 33
KDFSVM	89. 40	10. 60

表 6-2 　　　　　不同的 k 值 KDFSVM 的检测结果

KDFSVM	$k = 2$	$k = 3$	$k = 5$
检测率(%)	88. 30	88. 70	89. 40
误报率(%)	11. 70	11. 30	10. 60

6. 4. 2　实验分析

(1)采用模糊隶属度 FSVM 方法进行软件行为的分析，效果比传统 SVM 方法有明显改进。

(2)对于 FSVM 方法中，各样本点 K 近邻与类中心点结合的隶属度方法 KDFSVM 要优于类中心点法 DFSVM 软件行为分析。

(3)在 KDFSVM 的实验中，分别采用了 k 等于 2，3，5 进行分析，经过比较，$k = 5$ 时效果较为优良，从图 6-7 和图 6-8 中可以看出，传统支持向量机的分类正确率最低，采用模糊隶属度的 FSVM 算法的分类正确率有所提高，而采用新构造的隶属度 KDFSVM 算法的分类正确率随着 k 值的增加不断提高，当 $k = 5$ 时，分类正确率达到了 89.4%，优于前两种算法。

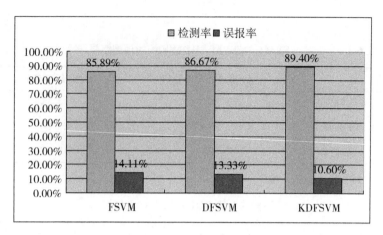

图 6-7　FSVM，DFSVM，KDFSVM 识别结果柱状图

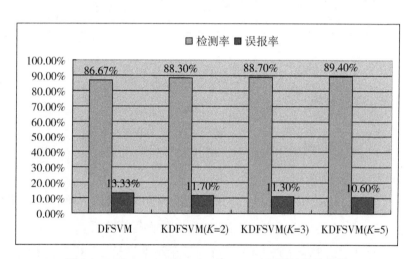

图 6-8　DFSVM，KDFSVM(k =2，3，5)识别结果柱状图

6.5　本章小结

本章主要介绍了使用 FSVM 算法对软件实际行为的预测分类。首先

对模糊理论和 FSVM 基本理论进行了介绍，然后通过分析 FSVM 的特点，指出该方法的关键在于模糊隶属度的设计。本章提出了一种新的隶属函数构造方法 KDFSVM，该方法对传统的距离模糊隶属度 DFSVM 进行了改进，引入各样本点紧密程度 ρ 和 k 最近邻点中属于同类的比率 p 来构造隶属度，实验结果表明采用 KDFSVM 算法对软件行为预测分类的准确率明显高于采用传统的 SVM 与 DFSVM 方法，并且对软件行为的识别率随着 k 值的增大不断提高，最后得出结论，KDFSVM 方法可以明显提高软件行为识别率，为软件运行时行为可信性奠定了良好的基础。

第 7 章　总结与展望

7.1　工作总结

　　虚拟平台的可信计算环境区别于传统的信息安全技术，从物理设备开始可信引导到特权域，再到虚拟域的可信启动，以及软件运行行为的动态可信，这个方向正在成为安全领域的一个新的研究热点。虚拟系统的可信环境是目前可信计算的目标，为了实现这个目标首先实现了基于XEN 环境的虚拟可信整体系统架构，确保虚拟可信环境的整体安全；对于系统的平台配置信息和关键敏感数据要在 TPM 中进行数据安全封装与完整性度量，保证平台信息未被篡改；系统安全运行后，实时运行的软件行为利用支持向量机 SVM 进行软件行为度量；并对软件行为迹的数据进行模糊隶属度分析，使得可信启动后运行的软件环境能够在安全可信的控制范围内。

　　首先，对虚拟可信计算的基础 XEN 和 TPM 的原理以及系统结构进行了深入分析。解析了虚拟可信环境的内部通讯机制和外部调用方法。按照当前虚拟可信计算平台的系统架构，选择在 linux 操作系统平台上搭建 XEN 的虚拟环境，并在虚拟平台中启动虚拟域操作系统，同时采用 TPM_ emulator 模拟 TPM，在特权域 Domain0 和客户虚拟机 DomainU 中启动 vTPM，实现了虚拟可信计算的基础平台环境。

　　在基础虚拟可信环境启动后，针对可信平台的配置信息和敏感数据的封装和完整性度量需要使用 TPM 的数据封装和度量功能，TCG 规范的软件完整性度量直接在 TPM 中进行，但是作为虚拟操作系统环境，多个操作系统环境中的软件数量多，经常发生更新和变化，装载的顺序不固定，并且是静态一次性度量。TPM 中的 PCR 寄存器并不能满足所有软件度量的要求，因此本书引入了基于虚拟可信平台软件可信性度量模型 TSVTMM，将软件度量结果存放于度量列表 TSIML 中，并对 TCG 标准封装方法进行了改进，在 vTPM 中对度量列表 TSIML 进行封装和解封。

　　在软件运行前数据完整性确认的前提下，如何保障软件运行时的行为可信是解决计算机系统可信性的另一个关键问题。软件行为动态分析和监控是软件可信动态评测的基础和前提，要对软件行为进行动态可信评测，不仅需要监控软件运行时的实际行为，还要根据软件实际行为是否符合预期的可信策略进行动态分析评测。本书基于虚拟可信平台软件行为学理论，首先提出使用软件行为迹作为软件行为度量的依据，然后采用支持向量机 SVM 方法对软件行为迹数据进行分类，并通过网格寻优的方法确定惩罚参数 C 和核参数 σ，使得软件行为转换为可以实时度量的机器学习数据输入，建立了软件动态度量的系统架构。

　　在对软件行为进行分析时，我们首先提出采用 SVM 方法对提取的实际行为特征进行预测，为了进一步提高其学习性能和预测准确率，根据 Fuzzy-SVM 的特点，提出一种新的构建模糊隶属度函数方法，与传统 SVM 相比，采用该模糊隶属度的 Fuzzy-SVM 预测更清晰和识别能力更强，并且将数据分别对 DFSVM 隶属度和 KDFSVM 隶属度进行比较分析，从理论和实验上证明了采用 KDFSVM 隶属度方法能够有效提高预测精度。

　　本书的研究过程中使用 TPM Emulator 模拟 TPM 芯片，Ubuntu10.04 作为特权域操作系统，虚拟化系统采用 XEN3.4.4，通过 DomainU 中的 vTPM 进行可信计算的软件度量数据密封。软件行为动态度量使用

LIBSVM 基础库进行修改编译实现，网格参数寻优使用 Matlab 2010R 与 libsvm-mat-2. 89-3(加强版)完成。由于虚拟可信计算的研究还处于发展阶段，相关的实验资料极其有限，实验中遇到了许多问题，比如，特权域操作系统的选择、XEN linux 内核编译、vTPM 的启动、Domain0 和 DomainU 的设置以及 libsvm 编译中 32/64 位操作系统的差异等问题，是经过长时间查阅资料、分析、反复操作安装才初步搭建好平台，后续还有许多整理和记录工作要去完善。

7.2 进一步研究展望

虚拟可信平台的软件可信性研究是信息系统安全的一个新领域，随着计算机硬件性能的不断提升和云计算技术的快速发展，目前已经成为国际信息安全领域新热点。本书基于虚拟操作系统平台 XEN、可信计算平台 TPM 和虚拟可信计算平台 vTPM，将属性封装、动态度量、支持向量机和模糊隶属度等方法应用到虚拟操作系统平台，利用静态度量和动态评测方法保证软件运行的环境可信，从而实现了虚拟环境的整体可信。在研究的过程中，作者发现目前在虚拟可信平台领域尚有很多方面有待深入研究，主要在以下几方面。

(1)在我国自主知识产权的可信计算模块 TCM 上进行移植性研究。

近年中国安全芯片标准发展较快，中国和国际上其他组织几乎是同步在进行可信计算平台的研究和部署工作。其中，部署可信计算体系中，密码技术是最重要的核心技术。具体的方案是以密码算法为突破口，依据嵌入芯片技术，完全采用我国自主研发的密码算法和引擎，来构建一个安全芯片，我们称为可信密码模块(trusted cryptography module，TCM)。从安全战略方面分析，建立独立自主的可信计算技术体系和标准，拥有独立自主的可信计算技术体系，为国家信息安全建设打下坚实基础，才能保证未来我们有能力、有办法保护秘密，保护主权。只有掌握这些关键技术，才能提升我国信息安全的核心竞争力。因此，基于 TPM 的虚拟可信研究的下一步重点将会转移到 TCM 平台，实现虚拟环境的软件安全评测的多平台兼容性。

（2）对虚拟可信平台技术进行深入研究，并进行相应的优化和改进。

目前虚拟操作系统技术的发展是非常迅速的，在 XEN4.x 版本中的 vTPM 实现比 XEN3.x 版本有了较大的变化，采用 mini-OS vTPM 子系统的架构，vTPM 管理域的启动与 DomainU 中的虚拟域启动相似，要启动一个内核进行专门管理。因此，在新的系统结构下对系统进行新的测试和实验是下一步研究的一个重要内容。同时，基于 vTPM 的数据封装和加密也有一些细节值得去优化和改进。

（3）在对支持向量机进行参数寻优的方法中，可进一步引入更适用的算法。

本书在对支持向量机 SVM 参数寻优的过程中采用了相对通用的网格寻优法，在寻优过程中，通过对数据的处理和识别，选定最优的参数。当前有几种参数寻优算法具有较好的性能和效果，例如：粒子群算法、蚁群算法和鱼群算法等。在本书中使用新墨西哥大学的实验数据集是针对有限数量软件行为特征的采样，对于真实可信环境下的软件行为特征数据量会有较大增长，在这种情况下对支持向量机的参数寻优过程就需要有收敛效果好，同时满足可信实时运行环境软件行为识别要求的准确性、快速性、稳定性的寻优算法。下一步可以将几种参数寻优的方法进行实验检验，找出更加适合软件行为评测的参数寻优方法，提高可信行为度量的效率和效果，这对于实时性要求较高的监测系统是非常有必要的。

（4）对软件行为的模糊隶属度分析还有可以优化的方面。

本书对普通的软件行为迹数据进行了有针对性的预处理，预处理过程采用模糊隶属度的方法，首先进行类中心点法的分析，并对数据进行训练，同时又采用了 K 近邻法处理，并对两种方法的处理结果进行比较分析，对于 k 值及大量数据 K 近邻权重系数选定都需要下一步对不同数据特点进行试验分析。对于模糊隶属度方法在其他相似数据集的推广应用也是未来的一个研究内容。

参 考 文 献

[1] 沈昌祥. 关于加强信息安全保障体系的思考. 信息安全纵论 [M].
武汉：湖北科学技术出版社，2002.

[2] 王丽娜. 信息安全导论 [M]. 武汉：武汉大学出版社，2008.

[3] Department of Defense Computer Security Center. DoD 5200. 28-
STD. Department of Defense Trusted Computer System Evaluation Criteria
[S]. USA：DOD，December 1985.

[4] National Computer Security Center. NCSC-TG-005. Trusted Network
Interpretation of the Trusted Computer System Evaluation Criteria [S].
USA：DOD，July 1987.

[5] National Computer Security Center. NCSC-TG-021. Trusted Database
Management System Interpretation [S]. USA：DOD，April 1991.

[6] TCG Web Site [EB/OL]. http：//www. trustedcomputinggroup.
org，2006.

[7] TCG 规范列表 [EB/OL]. http：//www. trustedcomputinggroup. org/
specs，2008.

[8] Laprie, JC, Dependability：Basic Concepts and Technology [M].
Vienna：Springer-Verlag，1990.

[9] Avizienis A，Laprie J C，Randell B，et al. Basic concepts and taxonomy
of dependable and secure computing. IEEE Transaction on Dependable
and Secure Computing，2004，1(1)：11-33.

[10] Microsoft. Trusted Platform Module Services in Windows Longhorn [EB/ OL]. http：//www. microsoft. com/resources/ngscb/, 2005-04-25.

[11] The Open Trusted Computing (OpenTC) consortium. General activities of Open TC [EB/OL]. http：//www. opentc. net/activities /, 2006-03-01.

[12] Shen Changxiang, Zhang Huanguo, Feng Dengguo, et al. Survey of Information Security [J]. Science in Chian Series F, 2007, 50(3)：273-298.

[13] 沈昌祥, 张焕国, 王怀民, 王戟等. 可信计算的研究与发展 [J]. 中国科学：信息科学, 2010, 40(2)：139-380.

[14] Shen Changxiang, Zhang Huanguo, Wang Huaimin, et al. Researches on trusted computing and its developments [J]. SCIENCE CHINA：Information Sciences, 2010, 53(3)：405-433.

[15] 张焕国, 罗捷, 金刚等. 可信计算研究进展 [J]. 武汉大学学报(理学版), 2006, 52(5)：513-618.

[16] 徐明迪, 张焕国, 赵恒等. 可信计算平台信任链安全性分析 [J]. 计算机学报, 2010, 33(7)：1165-1176.

[17] 张焕国, 李晶, 潘丹铃等. 嵌入式系统可信平台模块研究 [J]. 计算机研究与发展, 2011, 48(7)：1269-1278.

[18] 张焕国, 覃中平, 刘毅. 一种新的可信计算平台模块芯片 [J]. 武汉大学学报(信息学版), 2008, 33(10)：991-994.

[19] 国家密码管理局, 可信计算密码支撑平台功能与接口规范 [S]. 北京：国家密码管理局, 2007.

[20] 张立强, 张焕国, 张帆. 可信计算中的可信度量机制 [J]. 北京工业大学学报, 2010, 36(5)：586-591.

[21] 付东来, 彭新光, 杨玉丽. 基于可信平台模块的外包数据安全访问方案 [J]. 电子与信息学报, 2013, 35(7)：1766-1773.

[22] Wang X, Peng X. Research on Data Leak Protection Technology Based

on Trusted Platform[J]. Open Automation & Control Systems Journal, 2014, 6(1): 2354-2358.

[23]W. A. Arbaugh, D. J. Farber, J. M. Smith. A Secure and Reliable Bootstrap Architecture[C]. IEEE Symposium on Security and Privacy. USA: IEEE CS Press, 1997: 65-71.

[24]N. Itoi, W. A. Arbaugh, S. J. Pollack, et al. Personal Secure Booting. Information Security and Privacy [J]. Lecture Notes in Computer Science, Springer, 2001: 130-144.

[25]IBM. Tpod [EB/OL]. http: //domino. research. ibm. com/comm/ research _ people. nsf/pages/taiga. reports. html/ $ FILE/RT0564. pdf, 2009-07-13.

[26]GNU GRUB. TCG Patch to support Trusted Boot[EB/OL]. http: // trousers. sourceforge. net/grub. html, 2012-05-07.

[27]P. Shuanghe, H. Zhen. Enhancing PC Security with a U-Key[J]. IEEE Security &Privacy, 2006, 4(5): 34-39.

[28]Reiner Sailer, Xiaolan Zhang, Trent Jaeger, Leendert van Doorn. Design and Implementation of a TCG-based Intergrity Measurement Architecture [C]. In Proceedings of the 13th USENIX Security Symposium, San Diego, CA, USA, 2004: 223-238.

[29]E. Shi, A. Perrig, L. V. Doorn. BIND. A Fine-Grained Attestation Service for Secure Distributed Systerms [C]. IEEE Symposium on Security and Privacy, 2005: 154-168.

[30]T. Jaeger, R. Sailer, U. Shankar. PRIMA. Policy-reduced Integrity Measurement Architecture[C]. Proceedings of the 11th ACM Symposium on Access Control Models and Technologies, California, USA, 2006: 19-28.

[31]Audun J sang. An Algebra for Assessing Trust in Certification Chains[C]. The proceedings of NDSS' 99, Network and Distributed

System Security Symposium, The Internet Society, San Diego, 1999.

[32]唐文, 陈钟. 基于模糊集合理论的主观信任管理模型研究[J]. 软件学报, 2003, 14(8): 1401-1408.

[33]袁禄来, 曾国荪, 王伟. 基于 Dempster-Shafer 证据理论的信任评估模型[J]. 武汉大学学报(理学版), 2006, 52(5): 627-630.

[34]付东来, 彭新光, 陈够喜, 等. 一种高效的平台配置远程证明机制[J]. 计算机工程, 2012, 38(7): 25-27.

[35]屈延文. 软件行为学[M]. 北京: 电子工业出版社, 2004.

[36]杨玉丽, 彭新光, 王峥. 主观信任评估模型与决策方法的研究[J]. 计算机科学, 2015, 42(1): 170-174.

[37]付东来, 彭新光. 基于 CHAMELEON 哈希改进的平台配置远程证明机制[J]. 计算机科学, 2013, 40(1): 118-121.

[38]闫建红, 彭新光. 度量行为信息基的可信认证[J]. 计算机应用, 2012, 32(1): 56-59.

[39]Fu D, Peng X, Yang Y. Unbalanced Tree-Formed Verification Data for Trusted Platforms[J]. Security & Communication Networks, 2016, 9(7): 622-633.

[40]Fu D L, Peng X G, Yang Y L. Trusted Validation for Geolocation of Cloud Data[J]. Computer Journal, 2015, 58(10): 2595.

[41]付东来, 彭新光, 陈够喜, 等. 动态 HUFFMAN 树平台配置远程证明方案[J]. 计算机应用, 2012, 32(8): 2275-2279.

[42]侯方勇, 周进, 王志英等. 可信计算研究[J]. 计算机应用研究, 2004(12): 1-4.

[43]张彦. 虚拟计算环境分布式存储系统设计与实现[D]. 北京: 北京邮电大学硕士学位论文, 2010.

[44]Trusted Computing Group. TCG Architecture Overview Version 1.4 [EB/OL]. http://www.trustedcomputinggroup.org/files/resource_files/AC652DE1-1D09-3519-ADA026A0C05CFAC2/TCG_1_4_Archi-

tecture_Overview. pdf,2014-08-15.

[45]郝瑞，修磊. 无线体域网中云外包可撤销的属性加密方案[J]. 山西大学学报(自然科学版)，2017(2)：267-272.

[46]闫建红，彭新光. 基于可信计算的动态组件属性认证协议[J]. 计算机工程与设计，2011，32(2)：493-496.

[47] U. Kuhn, K. Kursawe, S. Lucks, A. Sadeghi, and C. Stuble. Secure data management in trusted computing[C]. In Proceedings of Workshop on Cryptographic Hardware and Embedded Systems (CHES 2005)，UK：Edinburgh，2005：324-338.

[48] B. Parno. The Trusted Platform Module (TPM) and sealed storage [EB/OL]. http：//www. rsa. Com /rsalab/technotes/tpm/sealedstorage. pdf，2010-08-24.

[49]XU Mingdi, HE Jian, ZHANG Bo, et al. A New Data Protecting Scheme Based on TPM [C]. Proceedings of the Eighth ACIS International Conference on Software Engineering, ArtificialIntelligence, Networking, and Parallel/Distributed Computing, Washington DC USA：IEEE Computer Society，2007：943-947.

[50]陆建新，杨树堂，陆松年，等. 可信计算中一种基于属性的封装存储方案[J]. 信息技术，2008，1(1)：1-4.

[51] Paul England, Butler Lampson, John Manferdelli, et al. A Trusted Open Platform [J]. Computer, IEEE Computer Society, 2003, 36 (7)：55-62.

[52]汪丹，冯登国，徐震. 基于可信虚拟平台的数据封装方案[J]. 计算机研究与发展，2009，46(8)：1325-1333.

[53]刘昌平，范明钰，王光卫. 可信计算环境数据封装方法[J]. 计算机应用研究，2009，26(10)：3891-3893.

[54]闫建红，彭新光. 基于混合加密的可信软件栈数据封装方案[J]. 计算机工程，2012，38(6)：123-125.

[55] Federal Information Processing Standards Publication. FIPS PUB 180-2, Secure hash standard [S]. Gaithers-burg：National Institute of Standards and Technology (NIST)，2002.

[56] 刘政林，郭超，霍文捷. 基于 SHA-1 引擎的嵌入式安全协处理器设计[J]. 华中科技大学学报：自然科学版，2011，39(8)：72-75.

[57] 黄淳，白国强，陈弘毅. 快速实现 SHA-1 算法的硬件结构[J]. 清华大学学报(自然科学版)，2005，45(1)：123-125.

[58] 郭文平，刘政林，陈毅成. 高吞吐率、低能耗的 SHA-1 加密算法的硬件实现[J]. 微电子学与计算机，2008，25(5)：76-79.

[59] VUILLAUME C. Efficiency comparison of several RSA variants [D]. GER：Darmstadt University of Technology，2003.

[60] Office of State Commercial Cipher Administration. Block cipher for WLAN products—SMS4 [EB/OL]. http：//www. oscca. gov. cn/ UpFile/20062. 2026423297990. pdf，2006-02-20.

[61] 国家密码管理局. SM3 密码杂凑算法 [EB/OL]. http：// www. oscca. gov. cn/UpFile/201012221418577866. pdf，2010-12-22.

[62] National Institute of Standards and Technology. HMAC Standard：The Keyed-Hash Message Authentication Code：HMAC[EB/OL]. http：// csrc. nist. gov/publications/fips/fips. htm. 2011-10-04.

[63] Paul Barham，Boris Dragovic，Keir Fraser，et al. XEN and the Art of Virtualization [C]. Proceedings of the 19th ACM Symposium on Operating Systems Principles. USA：ACM Press，2003：164-177.

[64] 王星魁，彭新光，郝瑞. XEN 虚拟机存储方式 I/O 性能研究[J]. 太原理工大学学报，2013，44(5)：608-611.

[65] 张艳艳，彭新光. 虚拟健壮主机入侵检测的实验研究[J]. 计算机应用与软件，2010，27(4)：130-132.

[66] Creasy R. J. The Origni of the VM/370 Time-Sharing System. IBM[J]. Research and Development，1981，125(5)：483-490.

［67］Schaefer M, Gold B, Linde R, et al. Program Confinement in KVM/ 370［C］. Proceedings of the 1977 ACM Annual Conference, Seattel, Washington, USA. 1977：404-410.

［68］Gold B D, Linde R R, Schaefer M, et al. VM/370 Security Retrofit Rrogram［C］. Proceedings of the 1977 ACM Annual Conference, Seattel, Washington, USA. 1977：411-418.

［69］Seawright L H, Mackinnon R A. VM/370—a Study of Multiplicity and Usefulness［J］. IBM Systems Journal. 1979, 18(1)：1-17.

［70］P. Ferrie. Attacks on Virtual Machine Emulators［C］. In：AVAR Conference in AVAR Conference. Auckland, Symantec Advanced Threat Research, 2006.

［71］Rich Uhlig, Gil Neiger, Dion Rodgers, etc. Intel Virtuallization Technology［J］. IEEE Computer, 2005, 38(5)：48-56.

［72］VMware, Inc. VMware virtual machine technology［EB/OL］. http：// www. vmware. com, 2006.

［73］Whitaker A, Shaw M, Gribble S D. Denali：A Scalable Isolation Kernel［C］. Proceedings of the 10th ACM SIGOPS European Workshop, Saint-Emilion, France. 2002：10-15.

［74］Adams K, Agesen O. A comparison of software and hardware techniques for x86 virtualization［J］. Acm Sigplan Notices, 2006, 40(5)：2-13.

［75］Whitaker A, Shaw M, Gribble S D. Scale and Performance in the Denali Isolation Kernel［C］. Proceedings of the 5th Symposium on Operating Systems Design and Implementation（OSDI'02）, Boston, Massachusetts, USA. 2002：195-209.

［76］Barham P, Dragovic B, Fraser K, et al. Xen and the Art of Virtualization［C］. Proceedings of the 19th ACM Symposium on Operating Systems Principles（SOSP'03）, New York, USA. 2003：164-177.

［77］Ian P, Keir F, Steve H, et al. Xen 3.0 and the Art of Virtua-lization［C］. Proceedings of the Ottawa Linux Symposium, Ottawa, Canada. 2005：65-78.

［78］Clark B, Deshane T, Dow E, et al. Xen and the Art of Repeated Research［C］. Proceedings of the USENIX Annual Technical Conference, Boston, Massachusetts, USA. 2004：47-56.

［79］Uhlig R, Neiger G, Rodgers D, et al. Intel Virtualization Technology［J］. IEEE Computer, 2005, 38(5)：48-56.

［80］张志新, 彭新光. 基于 XEN 的入侵检测服务研究［J］. 杭州电子科技大学学报, 2008, 28(6)：91-94.

［81］吴佳民, 彭新光, 高丹. 基于 XEN 虚拟机的系统日志安全研究［J］. 计算机应用与软件, 2010, 27(4)：125-126.

［82］Abramson D, Jackson J, Muthrasanallur S, et al. Intel Virtualization Technology for Directed I/O［J］. Intel Technology Journal, 2006, 10(3)：179-192.

［83］Neiger G, Santoni A, Leung F, et al. Intel Virtualization Technology：Hardware Support for Efficient Processor Virtualization［J］. Intel Technology Journal, 2006, 10(3)：167-177.

［84］温研. 隔离运行环境关键技术研究［D］. 长沙：国防科技大学硕士学位论文, 2008.

［85］Goldberg R. P. Architectural principles for virtual computer systems［D］. Harvard University, Cam-bridge, MA, 1972.

［86］Gupta D, Gardner R, Cherkasova L. XenMon：QoS Monitoring and Performance Profiling Tool［R］. Tech Report：HPL-1872005, 2005.

［87］Haifeng X, Sihan Q, Huanguo Z. XEN Virtual Machine Technology and Its Security Analysis［J］. Wuhan University Journal of Natural Sciences, 2007, 12(1)：159-162.

［88］Anwar Z, Campbell R H. Secure Reincarnation of Compromised Servers using Xen Based Time-Forking Virtual Machines [C]. 5th IEEE International Conference on Pervasive Computing and Communications Workshops (PerComW'07), New York, USA. 2007: 477-482.

[89] Fraser K, Hand S, Neugebauer R, et al. Safe Hardware Access with the Xen Virtual Machine Monitor [C]. Proceedings of the 1st Workshop on Operating System and Architectural Support for the on demand IT InfraStructure (OASIS), Boston, Masschusetts, USA. 2004: 1-10.

[90] Quynh N A, Takefuji Y. A Novel Approach for a File-system Integrity Monitor Tool of Xen Virtual Machine [C]. Proceedings of the 2nd ACM Symposium on Information, Computer and Communications Security, Singapore. 2007: 194-202.

[91] Gardner L C. Measuring CPU Overhead for I/O Processing in the Xen Virtual Machine Monitor [C]. USENIX 2005 Annual Technical Conference, Anaheim, California, USA. 2005: 387-390.

[92] Chen H, Chen R, Zhang F, et al. Live Updating Operating Systems Using Virtualization [C]. Proceedings of the 2st ACM/USENIX International Conference on Virtual Execution Environments, Ottawa, Canada. 2006: 35-44.

[93] Kourai K, Chiba S. HyperSpector: Virtual Distributed Monitoring Environments for Secure Intrusion Detection [C]. Proceedings of the 1st ACM/USENIX International Conference on Virtual Execution Environments (VEE'05), Chicago, Illinois, USA. 2005: 197-207.

[94] Youseff L, Wolski R, Gorda B, et al. Evaluating the Performance Impact of Xen on MPI and Process Execution for HPC Systems [C]. the First International Workshop on Virtualization Technology in Distributed Computing (VTDC), held in conjunction with Supercomputing (SC06), Tampa, Florida, USA. 2006: 1-8.

[95] Gupta D, Cherkasova L, Gardner R, et al. Enforcing Performance

Isolation Across Virtual Machines in Xen[C]. Proceeding of the ACM/ IFIP/USENIX 7th International Middleware Conference (Midd- leware'06), Melbourne, Australia. 2006: 342-362.

[96] Menon A, Santos J R, Turner Y, et al. Diagnosing Performance Overheads In the Xen Virtual Machine Environment[C]. Proceedings of the 1st ACM/USENIX International Conference on Virtual Execution Environments, Chicago, Illinois, USA. 2005: 13-23.

[97] Sailer R, Jaeger T, Valdez E, et al. Building a MAC-Based Security Architecture for the Xen Open-Source Hypervisor[C]. Proceedings of the 21st Annual Computer Security Applications Conference (ACSAC'05), Anaheim, California, USA. 2005: 276-285.

[98] 薛海峰, 卿斯汉, 张焕国. XEN 虚拟机分析[J]. 系统仿真学报, 2007, 19(23): 5556-5558.

[99] Pratt I, Fraser K, Hand S, et al. XEN 3.0 and the art of virtualization[EB/OL]. http: //www. linuxinsight. com/ols2005-xen_ 3_0_and_the_art_of_virtualization. html, 2010-04-11.

[100] Azab AM, Ning Peng, Wang Zhi, et al. HyperSentry: Enabling stealthy in-context measurement of hypervisor integrity[C]. Proc of the 17th ACM Conf. on Computer and Communications Security. New York: ACM, 2010: 38-49.

[101] Azab AM, Ning P, Sezer EC, Zhang X. HIMA: A hypervisor-based integrity measurement agent[C]. Proc of the 2009 Annual Computer Security Applications Conf. Los Alamitos, CA: IEEE Computer Society, 2009: 461-470.

[102] Loscocco PA, Wilson PW, Pendergrass JA, et al. Linux Kernel integrity measurement using contextual inspection[C]. Proc of the 2nd ACM Workshop on Scalable Trusted Computing. New York: ACM, 2007: 21-29.

[103] Berger S, Cáceres R, Goldman K A, et al. vTPM: Virtualizing the trusted platform module [C]. Proc of the 15th USENIX Security Symposium. Berkeley: USENIX, 2006: 305-320.

[104] Sadeghi AR, Stüble C, Winandy M. Property-based TPM virtualization [C]. Proc of the 11th Int Conf. on Information Security. Berlin: Springer, 2008: 1-16.

[105] Mihai C, Somesh J, Christopher K.. Mining Specifications of Malicious Behavior [C]. Proceedings of the 6th Joint Meeting of the European Software Engineering Conference and the ACM Software Engineering Conference the ACM SIGSOFT Symposium on the Foundations of Software Engineering (ESEC/FSE 2007). New York: ACM, 2007: 5-14.

[106] Matthew G. S, Eleazar E, Erez Z, et al. Data mining methods for detection of new malicious executables [C]. Proceedings of the 2001 IEEE Symposium on Security and Privacy. Oakland, CA, USA: IEEE Computer Society, 2001: 38-49.

[107] Mila D, Mihai C, Somesh J. A Semantics-based approach to malware detection [C]. Proceedings of the 34th annual ACM SIGPLAN-SIGACT symposium on Principles of programming languages. New York: ACM, 2007.

[108] 郝瑞, 彭新光, 修磊, 等. 基于 SVM 的软件行为可信动态评测[J]. 太原理工大学学报, 2013, 44(1): 14-17.

[109] Hao R, Peng X, Xiu L, Et Al. Research on Dynamic Trusted Evaluation Model of Software Behavior [J]. Journal of Computational Information Systems, 2013, 9(11): 4487-4494.

[110] 杨晓晖, 周学海, 田俊峰, 李珍. 一个新的软件行为动态可信评测模型[J]. 小型微型计算机系统, 2010, 31(11): 2113-2120.

[111] 庄琭, 蔡勉, 李晨. 基于软件行为的可信动态度量[J]. 武汉大学

学报(理学版)，2010，56(2)：133-137.

[112]庄琭，蔡勉，沈昌祥. 基于交互式马尔可夫链的可信动态度量研究[J]. 计算机研究与发展，2011，48(8)：1464-1472.

[113]Bouguila N, Wang J H, Hamza A B. ABayesian approach for software quality prediction[C]. 2008 the 4th International IEEE Conference "Intelligent Systems". 2008：49-54.

[114]Nielsen M, Krukow K. A Bayesian model for event-based Trust[J]. Electronic Notes in Theoretical Computer Science(ENTCS), 2007, 172(4)：499-521.

[115]Dodonov E. Mello RF. A model for automatic on-line process behavior extraction, classification and prediction in heterogeneous distributed Systems[C]. CCGRID, 2007：889-904.

[116]Mello R, Senger L, Yang L. Automatic text classification using an artificial neural network[J]. High Performance Computational Science and Engineering, 2005, 17(9)：1-21.

[117]Joachims T. Estimating the Ceneralization Performance of a SVM Efficiently. Proceedings of the International Conference on Machine Learning, Morgan Kaufman, 2000：431-438.

[118]郝瑞，刘晓峰，牛砚波，等. 面向语音识别的SVDD改进算法及仿真研究[J]. 系统仿真学报，2017，29(5)：1014-1020.

[119]郝瑞，牛砚波，修磊. 改进的支持向量预选取方法在语音识别中的应用[J]. 系统仿真学报，2015，27(11)：2714-2721.

[120] Trusted Computing Group. TCG TPM Specification part 1-Design Principles[S]. USA：Trusted Computing Group，2006：16-26.

[121]Fu D, Peng X, Yang Y. Authentication of the Command Tpm_ Certifykey In The Trusted Platform Module[J]. Telkomnika Indonesian Journal of Electrical Engineering, 2013, 11(2).

[122]Donglai, Xinguang, Peng. Tpm-Based Remote Attestation for Wireless

Sensor Networks[J]. 清华大学学报：自然科学英文版，2016，21（3）：312-321.

[123]赵佳. 可信认证关键技术研究[D]. 北京：北京交通大学硕士学位论文，2008.

[124]邹德清，羌卫中，金海. 可信计算技术原理与应用[M]. 北京：科学出版社，2011.

[125] Trusted Computing Group. TCG Specification Architecture Overview[S]. USA：Trusted Computing Group，2007：5-40.

[126]R. P. Goldberg. Survey of virtual machine research [J]. IEEE Computer Magazine，1974(7)：34-45.

[127]P. A. Karger，M. E. Zurko. Aretrospective on the VAX VMM security kernel[J]. In IEEE Transactions on software Engineering，1991.

[128]张焕国，毋国庆，覃中平. 一种新型安全计算机[J]. 武汉大学学报(理学版)，2004，50(S1)：1-6.

[129]沈昌祥，张焕国，冯登国，曹珍富，黄继武. 信息安全综述[J]. 中国科学 E 辑：信息科学，2007，37(2)：129-150.

[130]闫建红，彭新光. 可信计算软件构架的检测研究[J]. 计算机测量与控制，2011，19(11)：2735-2738.

[131] TPM Main Part 2：TPM Structures Specification version 1. 2. TCG Published [EB/OL]. https：//www. Trustedcomputinggroup. org/downloads，2006-03-29.

[132]TPM Main Part 3：Commands Specification Version 1. 2. TCG Published [EB/OL]. https：//www. Trustedcomputinggroup. org/downloads，2006-03-19.

[133] TCG Specification Architecture Overview. Specification Revision 1. 2 28[S]. 2004-04-27.

[134]谭兴烈. 可信计算平台中的关键部件 TPM[J]. 信息安全与通信保密，2005(2)：29-31.

［135］Yang Y, Peng X. Trust-Based Scheduling Strategy for Cloud Workflow Applications［J］. Informatica, 2013, 26(1): 316-320.

［136］TPM Main Part 1: Design Principles Specification Version 1. 2. TCG Published ［EB/OL］. https://www. Trustedcomputinggroup. org/downloads, 2006-03-29.

［137］闫建红, 彭新光. 基于混合加密的可信软件栈数据封装方案［J］. 计算机工程, 2012, 38(6): 123-125.

［138］Poritz J, Schunter M, van Herreweghen E, et al. Property attestation scalable and privacy-friendly security assessment of peer computers. RZ 3548 ［R］. New York: IBM Research, 2001.

［139］Kühn U, Kursawe K, Luchs S, et al. Secure data management in trusted computing ［C］. LNCS 3659: Proc of the Workshop on Cryptographic Hardware and Embedded Systems (CHES). Berlin: Springer, 2005: 324-338.

［140］汪丹, 冯登国, 徐震. 基于可信虚拟平台的数据封装方案［J］. 计算机研究与发展, 2009, 46(8): 1325-1333.

［141］Forrest S, Hofmeyr S, Somayaji A, et al A sense of self for unix processes［C］. Proceedings of the 1996 IEEE Symposium on Security and Privacy, Washington, DC, USA, 1996: 120-128.

［142］Vapnik V N. 统计学习理论［M］. 许建华, 张学工, 译. 北京: 电子工业出版社, 2009.

［143］边婧, 彭新光, 王颖, 等. 入侵检测不平衡样本子群发现数据简化策略［J］. 计算机应用研究, 2014, 31(7): 2123-2126.

［144］Bian J, Peng X G, Wang Y, Et Al. An Efficient Cost-Sensitive Feature Selection Using Chaos Genetic Algorithm for Class Imbalance Problem［J］. Mathematical Problems in Engineering, 2016, (2016-6-20), 2016, 2016(6): 1-9.

［145］Yao L, Zeng F, Li D H, et al. Sparse Support Vector Machine with

Lp Penalty for Feature Selection[J]. Journal of Computer Science and Technology, 2017, 32(1): 68-77.

[146] Cao H, Sun S, Zhang K. Modified EMG-based handgrip force prediction using extreme learning machine [J]. Soft Computing, 2017, 21(2): 491-500.

[147] Cui P, Yan T T. A SVM-Based Feature Extraction for Face Recognition[J]. Pattern Recognition, 2016, 43(8): 2871-2881.

[148] Yao Y, Holder L B. Incremental SVM-based classification in dynamic streaming networks [J]. Intelligent Data Analysis, 2016, 20(4): 825-852.

[149] Bao L, Juan C, Li J, et al. Boosted Near-miss Under-sampling on SVM ensembles for concept detection in large-scale imbalanced datasets[J]. Neurocomputing, 2016, 172(C): 198-206.

[150] Aslahi-Shahri B M, Rahmani R, Chizari M, et al. A hybrid method consisting of GA and SVM for intrusion detection system[J]. Neural Computing and Applications, 2016, 27(6): 1669-1676.

[151] Bogaarts J G, Gommer E D, Hilkman D M, et al. Optimal training dataset composition for SVM-based, age-independent, automated epileptic seizure detection[J]. Medical & Biological Engineering & Computing, 2016, 54(8): 1285-1293.

[152] Guo W, Alham N K, Liu Y, et al. A Resource Aware MapReduce Based Parallel SVM for Large Scale Image Classifications[J]. Neural Processing Letters, 2016, 44(1): 161-184.

[153] Teena, Mittal, Sharma. Integrated search technique for parameter determination of SVM for speech recognition[J]. Journal of Central South University, 2016, 23(6): 1390-1398.

[154] 杨志民, 刘广利. 不确定性支持向量机原理及应用[M]. 北京: 科学出版社, 2007.

[155] ALEX J S. A tutorial on support vector regression[J]. Statistics and Computing, 2004, 14: 199-222.

[156] Peterson D S, Bishop M, Pandey R. A Flexible Containment Mechanism for Executing Untrusted Code [C]. Proceedings of the 11th USENIX Security Symposium. San Francisco, CA, USA: USENIX, 2002: 207-225.

[157] White W W. Sifting Through the Software Sandbox: SCM Meets QA[J]. Queue, 2005, 3(1): 38-44.

[158] 彭新光, 贾宁, 王峥. 模糊异常度特权程序异常检测[J]. 计算机工程与应用, 2006, 42(36): 124-126.

[159] West R, Li Y, Missimer E, et al. A Virtualized Separation Kernel for Mixed-Criticality Systems [J]. Acm Transactions on Computer Systems, 2016, 34(3): 1-41.

[160] Narudin F A, Feizollah A, Anuar N B, et al. Evaluation of machine learning classifiers for mobile malware detection[J]. Soft Computing, 2016, 20(1): 1-15.

[161] Moon D, Pan S B, Kim I. Host-based intrusion detection system for secure human-centric computing[J]. The Journal of Supercomputing, 2016, 72(7): 2520-2536.

[162] Grégio A, Bonacin R, Marchi A C D, et al. An ontology of suspicious software behavior[J]. Applied Ontology, 2016, 11(1): 29-49.

[163] Jeffrey R. , Christophe N. Windows 核心编程(第五版)[M]. 周靖, 廖敏, 译. 北京: 清华大学出版社, 2008.

[164] Ivo Ivanov. API Hook Revealed [EB/OL]. http://www.codeproject.com/KB/system/hooksys.aspx, 2011.

[165] Zhan F, Zhou S, Qin Z, et al. 2003. HoneyPot: A supplemented active defense system for network security[C]. Proceedings of the 4th

International Conference on Parallel and Distributed Computing, Applications and Technologies. Washington, DC, USA: IEEE Computer Society, 2003: 231-235.

[166] Zhang J, García J. Online classifier adaptation for cost-sensitive learning[J]. Neural Computing and Applications, 2016, 27(3): 781-789.

[167] Ambusaidi M, He X, Nanda P, et al. Building an intrusion detection system using a filter-based feature selection algorithm[J]. IEEE Transactions on Computers, 2016, 65(10): 2986-2998.

[168] Wen J, Ma J, Huang R, et al. A malicious behavior analysis based Cyber-I birth[J]. Journal of Intelligent Manufacturing, 2014, 25 (1): 147-155.

[169] Cormack G V, Smucker M D, Clarke C L. Efficient and effective spam filtering and re-ranking for large web datasets[J]. Information Retrieval Journal, 2011, 14(5): 441-465.

[170] Chang J, Venkatasubramanian K K, West A G, et al. Analyzing and defending against web-based malware[J]. Acm Computing Surveys, 2013, 45(4): 49.

[171] 叶禾田, 蔡昀璋. 基于无硬盘 Honeypot 的入侵防御系统[J]. 上海交通大学学报, 2012, 46(2): 289-295.

[172] Qiao Y, Dinda P A, Birrer S, et al. Improving peer-to-peer performance through server-side scheduling[J]. Acm Transactions on Computer Systems, 2008, 26(4): 1-30.

[173] 陶耀东, 李宁, 曾广圣. 工业控制系统安全综述[J]. 计算机工程与应用, 2016, 52(13): 8-18.

[174] 汪洁, 杨柳. 基于蜜罐的入侵检测系统的设计与实现[J]. 计算机应用研究, 2012, 29(2): 667-671.

[175] Wright C, Cowan C, Smalley S, Morris J, Kroah-Hartman G. Linux

security modules: General security support for the Linux kernel［M］. In: Proc. of the 11th USENIX Security Symp. Berkeley: USENIX, 2002: 17-31.

［176］Zadeh L A. Fuzzy Set［J］. Information and Control, 1965, 8（3）: 338-358.

［177］谢季坚, 刘承平. 模糊数学方法及其应用（第二版）［M］. 武汉: 华中科技大学出版社, 2000.

［178］Huang H P, Liu Y H. Fuzzy support vector machines for pattern recognition and data mining. International Journal of Fuzzy Systems［J］. 2002, 4（3）: 826-835.

［179］丁胜锋, 孙劲光. 基于混合模糊隶属度的模糊双支持向量机研究［J］. 2013, 30（2）: 432-435.

［180］诸文智, 司刚全, 张彦斌. 采用邻域决策分辨率的特征选择算法［J］. 2013, 47（2）: 20-27.

［181］韩伟, 刘敏, 何文龚, 陈谋. 基于在线支持向量机的空对地攻击决策算法［J］. 2013, 31（1）: 73-82.

［182］王珏, 乔建忠, 林树宽, 等. 基于综合隶属度函数的模糊支持向量回归机［J］. 小型微型计算机系统, 2016, 37（3）: 551-554.

［183］肖满生, 文志诚, 张居武, 等. 一种改进隶属度函数的 FCM 聚类算法［J］. 控制与决策, 2015, 30（12）: 2270-2274.

［184］张付志, 常俊风, 周全强. 基于模糊 C 均值聚类的环境感知推荐算法［J］. 计算机研究与发展, 2013, 50（10）: 2185-2194.

［185］杜喆, 刘三阳, 齐小刚. 一种新隶属度函数的模糊支持向量机［J］. 系统仿真学报, 2009, 21（7）: 1901-1903.

［186］张扬, 王士同, 韩斌. 基于改进模糊聚类算法鲁棒的图像分割［J］. 中国图象图形学报, 2008, 13（5）: 911-917.

［187］阳爱民、李心广、周永梅等. 一种基于支持向量机的模糊分类器［J］. 系统仿真学报, 2008, 20（13）: 3414-3419.

后　记

　　本书是在我的博士论文的基础上进一步修改完善而成。光阴荏苒、岁月飞逝，回首在太原理工大学攻读博士学位的生活，我不禁感慨幸福的学习时光总是在懵懂中赶来，不经意间溜走，每一位老师、同学、家人和朋友的支持和帮助将会永远深刻在我的脑海中，在此谨向他们表示衷心的感谢！

　　本书也是在我的导师彭新光教授的悉心指导和耐心帮助下完成的。诚挚感谢彭老师从书稿的选题，再到书稿的撰写和修改的过程中所给予我的关心、帮助和指导，我的每一步成长、每一分收获无不凝聚着导师的心血。彭老师知识渊博、治学严谨、为人和善。他积极热情的生活态度、精益求精的治学精神、孜孜以求的进取作风和宽以待人的育人胸襟都给我带来了深远的影响，使我受益终身。彭老师和我的每一次交流，给我的每一次教海、每一次鼓励都让我如沐春风，从而坚定了我在科研道路上前行的信念。在此，谨向彭老师致以衷心的感谢和诚挚的敬意，祝愿彭老师及家人身体健康，工作顺利，生活幸福！

　　感谢太原理工大学的陈俊杰、段富、强彦等老师，他们在我书稿完成的过程中给予我热情的支持和有效的指导。

　　感谢我的博士生同学王星魁、郭浩、郭涛，在我对所学内容有疑问的时候给予我无私的帮助，用他们的知识和热情化解我的困惑，使得研究工作能顺利进行。

　　感谢我的实验室同学闫建红、王颖、边婧、付东来、杨玉丽等，大家从不同的院校走到了一起，互相帮助，互相支持，共同探讨，建立了良好的研究环境。

　　感谢我的父母，母亲为了保证我能够顺利完成学业，在四年学习期间承担了全部的家务劳动，并且照料和辅导孩子的责任也大部分替我分担，即使在姥姥腿骨骨折和姥爷摔伤住院的特别困难时期，父亲也伸出援手替我照顾孩子，他们是我坚强的后盾，在此对他们表示深深的歉意和感谢。感谢我的丈夫修磊，我们从硕士同学一路走来，我们有共同的理想、追求和价值观，他用工作中积累的实践经验对我进行技术上的指导，利用自己的业余时间分担我的学习压力，让我有信心面对所遇到的每一个困难。最后，感谢我的孩子修子铭，在攻读博士期间，他能够体谅我的压力，自觉地学习功课，照料自己，使我能全身心投入科研中，心中倍感欣慰。

　　最后，对曾经给予过我帮助，未曾在上面提到的所有老师、同学和朋友一并致谢！

郝　瑞

2017 年 3 月